GULLIVER

10

Dietmar Strauch

Alles ist relativ

Die Lebensgeschichte
des Albert Einstein

EIN **GULLIVER** VON **BELTZ & GELBERG**

www.gulliver-welten.de
Gulliver 1044

Neue Rechtschreibung
Markenkonzept: Groothuis, Lohfert, Consorten, Hamburg
Einbandgestaltung: Max Bartholl
Einbandfoto: Süddeutscher Verlag
Gesamtherstellung: Druck Partner Rübelmann, Hemsbach
Printed in Germany
ISBN 978-3-407-74044-1
1 2 3 4 5 11 10 09 08 07

Inhalt

Neugier und Noten
Kindheit, Jugend und Schule
1879–1896

Am 14. März 1879 vormittags um elf Uhr 30 wird in der Ulmer Bahnhofstraße B 135[1] das erste Kind des Ehepaares Pauline und Hermann Einstein geboren. Die Geburtsurkunde bescheinigt, dass dieses »Kind männlichen Geschlechts« den Vornamen Albert erhalten hat. Aus der Urkunde geht auch hervor, dass beide Eltern – die 21-jährige Pauline geb. Koch und der elf Jahre ältere Hermann – jüdischen Glaubens sind.

Pauline und Hermann sind seit drei Jahren verheiratet; sie entstammen der ländlich-schwäbischen Gegend um Ulm und gehören der assimilierten jüdischen Mittelklasse an. »Assimiliert« heißt, dass sie in Gebräuchen und Lebensstil ihrem christlich-weltlichen Umfeld angepasst sind. Sie sind zwar offiziell »israelitischer« Religion, nehmen dies jedoch nicht allzu wichtig. Der Sabbat und die jüdischen Feste werden nicht beachtet; allerdings wird auch das christliche Weihnachtsfest nicht gefeiert.

Viel nimmt Albert von seiner Geburtsstadt nicht bewusst wahr, denn bereits ein Jahr später zieht die Familie nach München um. Doch ein Merkmal der schwäbischen Eltern wird ihn sein Leben lang begleiten: seine Sprache, die auch im Hochdeutschen die schwäbischen Anklänge nicht verleugnet. Man könnte beinahe sagen: Er spricht, wie er ist – weich, zurückhaltend, sanft, dabei überzeugend und kompetent.

Über die frühe Kindheit Alberts ist nicht sehr viel bekannt. Er soll erst spät mit dem Sprechen begonnen und schon früh gegrübelt, nachgedacht, mit Geduld und Konzentration gespielt haben. Er ist wohl kein lauter, tobender Junge, sondern in sich gekehrt und still.

Seine Schwester Maja berichtet in ihren Lebenserinnerungen von dem ersten überlieferten Zitat des kleinen Albert: Als man ihm ausmalt, dass er mit seinem gerade geborenen Schwesterchen wunderschön werde spielen können, antwortet er: »Ja, aber wo hat es denn seine Rädchen?«[2] Soll man dies interpretieren als Äußerung eines sozial eher verkümmerten Bruders, der beim Spielen nur an Stabilbaukästen denkt? Oder ist es eher eine gut erfundene Anekdote?

Fragen dieser Art werden immer wieder auftauchen. Zu fast jedem Thema, von fliegenden Untertassen über Liebe bis menschlicher Weisheit, sind oft ausgesprochen gut formulierte Einstein-Zitate überliefert. Es ist jedoch fraglich, ob alle diese Zitate wirklich von ihm stammen und wo sich Dichtung und Wahrheit vermischen.

Eine andere Geschichte aus seiner Kindheit erscheint da schon verlässlicher: Als der Vater dem Vierjährigen einen Kompass zeigt, ist Albert tief beeindruckt. Es grenzt ja auch an Zauberei, wenn sich die Nadel bewegt und in eine bestimmte Richtung zeigt, ohne dass zu erkennen ist, wieso und weshalb. Einstein kann sich noch im Alter an dieses Ereignis erinnern: »Dies ›sich-wundern‹ scheint dann aufzutreten, wenn ein Erlebnis mit einer in uns hinreichend fixierten Begriffswelt in Konflikt kommt ... Daß diese Nadel in so bestimmter Weise sich benahm, paßte so gar nicht in die Art des Geschehens hinein, die in der unbewußten Begriffswelt Platz finden konnte (an ›Berührung‹ geknüpftes Wirken). Ich erinnere mich noch jetzt – oder glaube mich zu erinnern – daß dies Erlebnis tiefen und bleibenden Eindruck auf mich gemacht hat. Da mußte etwas hinter den Dingen sein, das tief verborgen war[3]«. Albert spürt schon früh das Geheimnis einer verborgenen Kraft. Hier nimmt er erstmals ein Grundmotiv seines Denkens wahr: seine Suche nach den unbekannten Ursachen, den Kräften, die die Welt bewegen.

Als 50-Jähriger bringt er diese Fähigkeit des Sich-Wunderns so auf den Punkt: »Das Schönste, was wir erleben können, ist das Geheimnisvolle. Es ist das Grundgefühl, das an der Wiege von wahrer Kunst und Wissenschaft steht. Wer es nicht kennt und sich nicht mehr wundern, nicht mehr staunen kann, der ist sozusagen tot und sein Auge erloschen.«[4]

Der Umzug der Familie nach München erfolgt, weil Jakob Einstein – der Bruder des Vaters – dort einen Betrieb für Elektrotechnik gegründet hat. München entwickelt sich seit der Gründung des Deutschen Reiches 1871 stürmisch zu einer Großstadt, ist aber vor allem berühmt wegen seiner kulturellen Stellung in Musik und Theater. Die bayerischen Könige Ludwig I. und vor allem der exzentrische Ludwig II. hatten jeder auf seine Weise dazu beigetragen, München zum europäischen Mittelpunkt der Kunst und Wissenschaft zu machen.

Hermann Einstein tritt als Kompagnon in die Firma J. Einstein & Comp. ein, um den kaufmännischen Part in der Firma zu übernehmen. Er wird als ein gutherziger, eher passiver Mann beschrieben, dem die Literatur am Herzen liegt und der wenig geeignet für den Beruf eines harten Geschäftsmannes zu sein scheint.

Um diese Zeit ist die Elektrotechnik *high tech*, das elektrische Licht beginnt seinen Siegeszug. Thomas Alva Edison entwickelt 1880 die erste Dynamomaschine zur Erzeugung elektrischen Stroms, die auf der Pariser Elektrizitätsausstellung 1881 als Weltwunder bestaunt wird. Diese Begeisterung für die neue Technik nutzen die beiden Brüder und bauen ein Unternehmen zur Produktion von Stromerzeugern auf, das es im Laufe der nächsten Jahre auf immerhin rund 200 Mitarbeiter bringen wird.

Der Betrieb floriert zunächst. Die Firma erhält den Auftrag, die Straßenbeleuchtung von Schwabing – bis 1891 eine selbstständige Nachbarstadt von München – zu installieren. Dieses Projekt wird zu einem großen Erfolg mit Fanfaren, Festansprachen, Feuerwerk und begeisterten Zeitungsberichten. Die »Münchener Neuesten Nachrichten« rühmen, dass die neue Beleuchtung »selbstverständlich viel besser und intensiver als die Gasbeleuchtung« sei, während die »Schwabinger Gemeinde-Zeitung« mehr die Ausgelassenheit des Festes rühmt: »Ein gleiches Fest hat Schwabing noch nie erlebt.«[5]

Da vor einigen Jahren auf der Theresienwiese beim alljährlichen Oktoberfest durch eine Petroleumlampe ein Großbrand ausgelöst worden war, wurde 1885 beschlossen, den Festplatz mit insgesamt 16 elektrischen Bogenlampen zu beleuchten. Die Firma Einstein bekam den Auftrag. 1885 zieht die Familie in eine schöne Villa mit Garten um; das Fabrikgelände sowie das Wohnhaus liegen ganz in der Nähe der Theresienwiese, damals inmitten eines noch ländlich geprägten Gebiets mit alten Bäumen. Sie leben dort alle zusammen: Pauline und Hermann mit dem nun sechsjährigen Albert und der kleinen Schwester Maria, die Maja gerufen wird, dazu Onkel Jakob mit Tante Ida und der Großvater Julius, der mit seinen 70 Jahren den wohlverdienten Ruhestand genießt.

Julius Koch – der Vater von Mutter Pauline – hatte

es als Getreidehändler zu einigem Wohlstand gebracht und war mit seinem Kapital der Tochter und dem Schwiegersohn bei der Firmengründung behilflich gewesen. Pauline Einstein ist also in gut situiertem Hause aufgewachsen, hat bereits mit 18 Jahren geheiratet und lernt früh »die realen Seiten des Lebens kennen«, wie sich Alberts Schwester Maja erinnert. Sie wird als eine fürsorgliche, aber resolute Frau geschildert, die selten ihren Gefühlen freien Lauf lässt.

Als Albert sechs Jahre alt ist, beginnt für ihn der Ernst des Lebens. 1885 wird er eingeschult, und zwar in die katholische Sankt-Peters-Grundschule, die er drei Jahre besuchen wird. Er ist in seiner Klasse mit etwa 70 Mitschülern der einzige Jude und nimmt am katholischen Religionsunterricht teil; zusätzlich erhält er Unterricht in »israelitischer Religionslehre«, allerdings privat bei einem Verwandten, der in diesen Fragen kundiger ist als Alberts freisinniger Vater. Die Mutter freut sich über die guten Zensuren ihres Sohnes, er ist sogar Klassenbester. Aber den Stil und die Art des Schulunterrichts empfindet Albert schon bald als unerträglich. Auch im verhältnismäßig freien und lebenslustigen München herrscht in der Schule ein strenges Regiment: Drill durch verständnislose Lehrer, Demütigung und Unterdrückung statt geistiger Freiheit, natürlich mit »staatlich anerkannter« und selbstverständlich ausgeübter Prügelstrafe, so beschreiben Zeitgenossen den Schulalltag.

Schwester Maja weiß zu berichten, dass Alberts Lehrer die Methode ausübte, den Kindern das »Rechnen und namentlich das große und das kleine Einmaleins durch Schläge auf die Hände, das sog. Tatzen, beizubringen, eine Art des Lehrens, die damals nicht selten war«[6]. Albert ist ein gründlich denkender Junge, der Zeit zum Überlegen braucht und die gewünschte Antwort nicht sofort parat hat. So bekommt auch er mitunter Schläge, obwohl er ein guter Schüler ist.

Kein Wunder, dass seine Abneigung gegen autoritäre Lehrer bei ihm heftiger ist als der sonst übliche Schulfrust. Noch 50 Jahre später sagt er in einer Rede vor amerikanischen Studenten und Professoren: »Am schlimmsten scheint es mir zu sein, wenn eine Schule hauptsächlich mit den Mitteln von Furcht, Zwang und künstlicher Autorität arbeitet. Solche Behandlung vernichtet das gesunde Lebensgefühl, die Aufrichtigkeit und das Selbstvertrauen des Schülers. Sie erzeugt den unterwürfigen Untertanen. Es ist kein Wunder, daß derartige Schulen in Deutschland und Rußland die Regel bilden.« Und er definiert sein Ideal von Bildung so: »Bildung ist das, was übrigbleibt, wenn man alles vergessen hat, was man in der Schule gelernt hat.«[7] Selbstständiges Denken, Urteilen und Handeln sollen seiner Ansicht nach im Vordergrund stehen, nicht aber die Vermittlung von Spezialkenntnissen.

Nach der Schule und den Schularbeiten, die Mutter Pauline streng beaufsichtigt, bleibt auch noch Zeit zum Spielen. Albert ist selten mit anderen Kindern zusammen, er beschäftigt sich lieber alleine mit Geduldaufgaben: Laubsägearbeiten, die Ausführung komplizierter Bauten mit den damals sehr beliebten »Ankersteinen« oder der Bau von vielstöckigen Kartenhäusern sind seine liebsten Freizeitbeschäftigungen. Diese Liebe zur Beharrlichkeit und Genauigkeit hat er wohl von seiner Mutter geerbt, die bekannt ist für ihre langwierigen und komplizierten Handarbeiten.

Neben der Schule bemüht sich auch die Familie um Alberts Bildung. Die Mutter sorgt dafür, dass ihr Sohn Geigenunterricht erhält. Sie selbst ist eine sehr gute Klavierspielerin und möchte in ihrer Familie die Musik fördern. Dies entspricht dem bürgerlichen Bildungsideal, und so müssen oder dürfen viele Kinder aus der deutschen Mittelschicht ein Musikinstrument erlernen. Hausmusik nimmt in dieser Zeit eine sehr große Rolle ein, denn es ist die beliebteste Art, Musik im privaten Kreis zu erleben. Konzerte, Opernbesuche, Kirchenmusik, mechanische Orgeln auf Jahrmärkten oder Militärmusik sind für Sonntage und besondere Gelegenheiten reserviert.

Albert erhält bis zu seinem 14. Lebensjahr regelmäßig Violinunterricht und auch hier kommen ihm seine Geduld und Konzentrationsfähigkeit zugute. Abends und an Feiertagen begleitet ihn die Mutter auf dem Klavier und freut sich über die Fortschritte ihres Sohnes. Und als er über das Stadium der Übungsstücke hinaus ist, gewinnt er selbst immer mehr Spaß an der Sache; am meisten liebt er Mozart und dessen harmonische und heitere Musikwerke.

Zu Schwester Maja hat Albert ein gutes Verhältnis, wenn auch der übliche Streit unter Geschwistern nicht ausbleibt. Maja berichtet, dass ihr Bruder mitunter jähzornig gewesen sei und ihr schon einmal eine Kugel oder ein Spielzeug an den Kopf geworfen habe. Sie meint dazu: »Woraus ohne weiteres ersichtlich ist, dass auch ein gesunder Schädel dazu erforderlich ist, die Schwester eines Denkers zu sein.«[8] Jedenfalls stehen sie in engem Kontakt zueinander. Sie tauschen ihre Gedanken aus, machen gemeinsam Musik und schreiben sich ihr Leben lang Briefe.

Überhaupt spielt die Familie in Alberts Kindheit eine große Rolle. In der Schule ist er eher ein Außenseiter, der zwar gute Leistungen zeigt, aber weder mit Mitschülern noch Lehrern besonders gut auskommt. Er findet kaum Freunde und ist verschlossen. Doch zu Hause kann er sich mit dem Vater und Onkel Jakob über interessante Themen aus der Welt der Technik unterhalten, und die Mutter glaubt fest an die besonderen Fähigkeiten ihres Sohns und fördert ihn, so gut sie kann.

Am 1. Oktober 1888 wird Albert in die Lateinklasse 1B des Münchener Luitpold-Gymnasiums eingeschult, einem humanistischen Gymnasium mit Unterricht auch in Griechisch. Seine Meinung über Schule und Lehrer ändert sich jedoch kaum; besonders human erscheint ihm diese Form der Ausbildung auch jetzt nicht. Er empfindet die Lehrmethoden als stumpfsinnig: »Ich ließ also lieber jede Sorte von Bestrafungen über mich ergehen, als daß ich etwas auswendig herplappern lernte.«[9] Zudem wird er als Jüngster in der Klasse von seinen Mitschülern gehänselt, er soll von ihnen zeitweilig den Spitznamen »Biedermeier«[10] erhalten haben. Biedermeier ist die Bezeichnung für einen treuherzigen, etwas spießbürgerlichen Menschen. Danach ist die vor 1848 in Deutschland herrschende Zeit der stillen Behaglichkeit, des naiven und intimen Lebens in »Gemütlichkeit« benannt worden.

Albert ist ein guter Schüler: In Latein hat er die Note Zwei, manchmal auch eine Eins, in Griechisch immer Zwei und in Mathematik – natürlich – durchweg eine Eins. Unterstützt wird die Liebe zur Mathematik zu Hause von Onkel Jakob, der seinem Neffen Aufgaben stellt, an denen Albert ausdauernd bis zur Lösung herumknobelt. Geometrie und Algebra begeistern ihn, vor allem die Klarheit der Beweise, die Beseitigung aller Zweifel. Die Differential- und Integralrechnung – oft ein Graus für normale Schüler – übt er dann schon selber und allein in den Ferien, bevor das Thema in der Schule dran ist. Später schreibt er einmal dazu: »Nur in der Mathematik war ich durch Selbststudium weit über dem Schulpensum, auch in bezug auf Philosophie, soweit dies mit dem Schulpensum zu tun hat.«[11]

Wie kommt ein Junge in diesem Alter zur Philosophie? Die jüdischen Familien haben sich trotz aller Anpassung einen schönen Brauch bewahrt – den Freitisch, also eine Einladung zum Mittag- oder Abendessen für einen mittellosen Mitbürger, oft einen Schüler oder Studenten. So ist es auch bei Einsteins. Der aus Polen stammende Max Talmey ist angehender Mediziner, gut zehn Jahre älter als Albert und offenbar ein vielseitig begabter und interessierter Gesprächspartner. Von ihm erhält Einstein erste Anregungen für philosophische Themen.

Talmey empfiehlt das Buch »Kraft und Stoff« des Schriftstellers Ludwig Büchner, übrigens ein jüngerer Bruder des früh verstorbenen Georg Büchner, der mit seinen Dramen, aber auch mit seinem Motto »Friede den Hütten, Krieg den Palästen« 50 Jahre zuvor die reaktionären Herrschenden aufgeschreckt hatte. Ludwig Büchner hat in seinen Büchern in populärer Form kräftig an den staatstragenden Vorstellungen von Gott und Vaterland gerüttelt und gegen eine religiöse Weltanschauung mit politischem Anspruch gekämpft.

Der 13-jährige Albert liest auch Immanuel Kants »Kritik der reinen Vernunft«, ein Buch, das frühestens in der Oberstufe, wenn überhaupt, behandelt wird. Vielleicht gefällt ihm auch die Inschrift auf Kants Grab in Königsberg besonders gut, die die Rätsel der Wissenschaft und der Philosophie so wunderbar anspricht: »Zwei Dinge erfüllen das Gemüt mit immer neuer und zunehmender Bewunderung und Ehrfurcht, je öfter und anhaltender sich das Nachdenken damit beschäftigt: der bestirnte Himmel über mir und das moralische Gesetz in mir.«

Besonders wichtig werden für ihn jedoch naturwissenschaftliche Themen und Bücher. Vor allem Aaron Bernsteins »Naturwissenschaftliche Volksbücher«[12] faszinieren ihn. Die »Wohlfeile Gesammt-Ausgabe« in 21 Teilen mit zusammen etwa 3 000 Seiten behandelt alle Bereiche der Naturwissenschaft, Geographie und Technik und stellt in anschaulicher Weise die Geschichte und die neuesten Errungenschaften dar. So ziemlich jedes denkbare Thema wird hier angesprochen wie »Der Brennwerth des Eichenholzes« oder »Was im Frühjahr in den Gewässern vorgeht«, aber auch »Die Bewegung im Sonnensystem«. Und hier liest Albert besonders aufmerksam.

Es lohnt sich, einen genaueren Blick auf diese Lektüre zu werfen, denn Einstein scheint vieles daraus gelernt zu haben. Bernstein beschreibt in einem seiner Volksbücher ein Gedankenexperiment, nämlich »Eine Phantasie-Reise durch das Weltall«, die auch zur Sonne führt. Es sieht so aus, als erinnere sich Einstein dieser Lektüre, wenn er später selbst Gedankenexperimente beschreibt.

Bernstein lobt die Astronomie in höchsten Tönen als

die »Urquelle des wahren Fortschritts« und fährt dann enthusiastisch fort: Die Astronomie »ist es, die den Schein zerstört, die das Vorurtheil am gründlichsten vernichtet, die den Menschengeist am kühnsten von den Schranken des Wahns und des Aberglaubens frei macht und die zu allen Zeiten Trost, Erholung und Erhebung bietet, wenn man in düsteren, geistbedrückenden Verhältnissen und herzbeklemmenden Zuständen bei ihr Zuflucht sucht!«.[13]

Albert sieht wohl angesichts der Bedrückungen in der Schule seinen Berufswunsch als Naturforscher immer deutlicher vor sich.

Die Konzentration auf die Welt der Natur bewirkt jedoch Weiteres. Das intensive Lesen der philosophischen und naturwissenschaftlichen Bücher führt dazu, dass Einstein an den religiösen Dogmen ernsthaft zu zweifeln beginnt. Die Beschäftigung etwa mit Darwin, der mit seinem Werk »Vom Ursprung der Arten« die Evolutionstheorie begründet und damit den Glauben an die göttliche Schöpfungsgeschichte zutiefst erschüttert hatte, oder das Erkennen des Weltalls, in der die Erde nur ein kleines Staubkorn ist, hat weitgehende Folgen.

Später wird er sich so erinnern: »So kam ich … zu einer tiefen Religiosität, die aber im Alter von 12 Jahren bereits ein jähes Ende fand. Durch Lesen populärwissenschaftlicher Bücher kam ich bald zu der Überzeugung, daß vieles an den Erzählungen der Bibel nicht wahr sein konnte ... Das Mißtrauen gegen jede Art der Autorität erwuchs aus diesem Erlebnis ... eine Einstellung, die mich nicht wieder verlassen hat.«[14] Er wird zum Freidenker und Freigeist und wird dies auch sein Leben lang bleiben.

Über der bürgerlichen Idylle der Familie Einstein ziehen ab 1892 dunkle Wolken auf. Der elektrotechnische Betrieb der Gebrüder Einstein hat inzwischen starke Konkurrenz erhalten. Elektrizität wird zum Motor einer gigantischen industriellen Entwicklung in Deutschland. Der geniale Erfinder Werner Siemens mit seiner Siemens & Halske A.G., an deren Sitz in Berlin ein eigener Stadtteil »Siemensstadt« entstand, hatte auf der Berliner Gewerbeausstellung 1879 die erste elektrische Straßenbahn vorgestellt, damals noch ein Spaß für genau 86 398 Besucher der Ausstellung, die sich von einem 3-PS-Elektromotor 600 Meter im Kreis fahren ließen. Diese von einer elektrischen Lokomotive gezogene Bahn wurde noch nicht ernst genommen, sie galt als Spielerei; aber bereits zwei Jahre später weist der Erfinder den Weg in die Zukunft mit der weltweit ersten regulären Straßenbahn, die in Berlin von Lichterfelde zum Anhalter Bahnhof fährt. Vom Kaiser wird er mit dem Adelstitel belohnt, künftig nun also »Werner von Siemens«.

Im Stadtrat von München soll 1893 die Entscheidung darüber fallen, wer den ersten Auftrag zur Installierung der elektrischen Straßenbeleuchtung nun auch in Bayerns Hauptstadt erhalten soll. Dies ist ein Projekt mit glänzenden Zukunftsaussichten, denn Straßen und Plätze selbst in den großen Städten sind nachts noch immer ganz dunkel oder nur notdürftig mit Öl- oder Holzfeuerchen erleuchtet. Die Euphorie ist entsprechend groß. Alle bedeutenden Firmen sind dabei: AEG, die Siemens & Halske A.G. sowie die Firma Schuckert & Co. reichen Angebote ein, denen die kleine Firma der Brüder Einstein nicht viel entgegenzusetzen hat. Johann Schuckert aus Nürnberg erhält den millionenschweren Auftrag; später wird auch er wie viele der anderen Konkurrenten von Siemens geschluckt.

Die glänzende Geschichte der deutschen Industrie hat auch ihre Schattenseiten in Form eines gnadenlosen Konkurrenzkampfes, begleitet von Pleiten und Konkursen. So fällt auch die Firma Einstein dieser Entwicklung zum Opfer und muss ihre Grundstücke verkaufen. Die schöne Villa, in der Maja und Albert einen großen Teil ihrer Kindheit verbracht hatten, wird abgerissen, um Platz für den Bau von Mietshäusern zu machen. Die Einsteins stehen vor keiner leichten Zukunft. Hermann ist fast 50 Jahre alt, Bruder Jakob drei Jahre jünger, ein Alter, in dem man nicht gerne noch mal von vorn anfängt.

Aber es hilft alles nichts – im Sommer 1894 zieht die Familie Einstein nach Mailand. Die Produkte der Firma waren in Oberitalien immer schon besser verkauft worden als in Deutschland; der italienische Vertreter – Lorenzo Garrone – wird als Teilhaber aufgenommen und organisiert die Gründung eines neuen Elektrobetriebs mit Produktionsstätten in Turin, Pavia und Mailand.

Nur Albert bleibt zurück. Er ist nun 15 Jahre alt, gerade in die Klasse 7A gekommen und soll die letzten drei Schuljahre bis zum Abitur in München bleiben. Er wohnt bei entfernten Verwandten; den Familienvater kennt er schon länger, da dieser ihm privaten Religionsunterricht erteilt hatte. Diese harte Entscheidung ist angesichts der zu erwartenden Schwierigkeiten, die mit einem Schulwechsel von Bayern nach Italien verbunden wären, vielleicht verständlich, doch für den Zurückgebliebenen ist dieses Verlassenwerden ein brutaler Einschnitt, der sich seelisch und körperlich rächt. Wie die Schwester Maja später berichtet, ist er in dieser Zeit zunehmend deprimiert und nervös, die Briefe an die Eltern in Mailand handeln nur von seiner Unzufriedenheit und seinen Sorgen. Die Konflikte in der Schule nehmen zu, es gibt Auseinandersetzungen mit den Lehrern. Albert ist sicher kein Muttersöhnchen, er sieht auch die intellektuellen Grenzen seiner Eltern und kann ihnen gegenüber sehr kritisch sein. Kurze Zeit später wird er harte Worte für die Eltern finden: Dumm, engstirnig, »philiströs«, beschränkt seien sie. Aber jetzt vermisst er seine Familie. Für ihn gab es bisher kaum ein wirkliches Leben außerhalb des Elternhauses; er lebt in seinen Träumen und Gedanken und das Leben in der realen Welt bleibt ihm fremd. Er hat keine Freunde, lediglich an einen einzigen Mitschüler kann er sich später erinnern.

Sein erstes Weihnachten allein verbringt Albert in düsterer Stimmung, und in den letzten Tagen des Jahres 1894 setzt er sich in den Zug und fährt nach Mailand, ohne seine Eltern vorher darüber zu informieren. Sein Entschluss steht fest: weg aus München, weg aus Deutschland.

Möglicherweise ist die »Flucht nach Mailand« nicht so kopflos, wie sie auf den ersten Blick scheint. Albert kann trotz seiner Schüchternheit und ruhigen Art sehr zielstrebig sein, und dann verfolgt er hartnäckig dieses Ziel, das er sich in den Kopf gesetzt hat. Seine Eltern sind natürlich entsetzt, als ihr Sohn unangekündigt auftaucht, aber er schafft es, sie von seinen Plänen zu überzeugen.

Den Vater drängt er, gleich einen Antrag auf Entlassung aus der deutschen Staatsangehörigkeit zu stellen. Dies hat Eile, denn nur vor dem Erreichen des 16. Lebensjahres kann man einfach aus Deutschland ausreisen und die Staatsangehörigkeit ablegen. Danach wäre er als bayerischer Bürger zum Wehrdienst verpflichtet oder könnte als Abiturient das »Einjährige« ableisten, ein freiwilliges Dienstjahr in der Armee mit der Chance auf eine Offizierslaufbahn. Diese Aussicht auf eine Militärzeit bringt bei dem jungen freiheitsliebenden Albert wohl das Fass zum Überlaufen.

Er ist nun also staatenlos und hat keinen vernünftigen Schulabschluss, ist in einem schönen, aber fremden Land, dessen Sprache er nicht beherrscht. Keine allzu guten Aussichten! Aber auch dies hat Albert durchdacht – so scheint es zumindest. Er hat erfahren, dass man in Zürich ohne Abitur studieren kann, und zwar am »Polytechnikum«, der Eidgenössischen Polytechnischen Hochschule. Als Zugeständnis an seinen Vater lässt er sich überreden, dort Elektrotechnik zu studieren, also etwas Handfestes, das er vielleicht einmal in der Einstein-Firma gebrauchen könnte. Den »philosophischen Unsinn« solle er besser vergessen, so meint zumindest sein Vater.

Dieser Plan ist für die Professoren am Polytechnikum allerdings nicht so richtig nachvollziehbar: Warum sollte denn – so fragen sie sich – ein 16-Jähriger ohne Abitur an einer Hochschule studieren, an der normalerweise nur 18-Jährige aufgenommen werden? Das genehmigt man doch nur Wunderkindern und dafür hält ihn allenfalls seine Mutter Pauline. Also lässt man Albert bei der Aufnahmeprüfung durchfallen. Die Fähigkeiten und Kenntnisse in Mathematik und Naturwissenschaften seien zwar hervorragend, aber es mangele doch an diesem und jenem. Man rät ihm das Naheliegende, nämlich das Abitur nachzuholen und dann ganz regulär mit dem Studium zu beginnen. Das nimmt Albert dann auch in Angriff, vielleicht sogar froh, dass er der ungeliebten Ausbildung zu einem »praktischen und vernünftigen Beruf«, wie sein Vater es sich wünscht, ausweichen kann.

Inzwischen ist fast ein Jahr ohne schulische Verpflichtungen vergangen. Ab Oktober 1895 besucht er die Kantonsschule in Aarau, ein beschauliches Städtchen rund 50 Kilometer westlich von Zürich. Die Aufnahmeprüfung hier besteht er ohne Probleme und wird in die vorletzte Klasse vor dem Abitur aufgenommen.

Albert ist inzwischen zu einem attraktiven jungen Mann herangewachsen, mit leicht gewelltem Haar und wachem Gesichtsausdruck und einem immer etwas spöttischen Zug um die Mundwinkel. Er tritt selbstsicher auf, manchmal auch etwas überheblich, doch bleibt er ein wenig weltfremd und zurückgezogen; jedenfalls ist er nie mit Freunden oder gleichaltrigen Jungen unterwegs. Wieder ist er hier von der für ihn so wichtigen Familie getrennt, aber diesmal findet er eine Ersatzfamilie.

Er wohnt bei der Familie des Lehrers für Griechisch und Geschichte, Professor Jost Winteler. Der Professor ist an Albert Einsteins Schule tätig und nimmt Schüler in sein Haus auf, die eine Unterkunft benötigen und über Familienanschluss froh sind. Albert erlebt eine regelrechte Befreiung. Nicht nur die intellektuelle Herausforderung des Professors tut ihm gut, sondern auch der liberale Geist im Hause Winteler und in der Schule, der in so scharfem Kontrast zu dem Drill in München steht. Außerdem findet er Freunde fürs Leben; später wird seine Schwester Maja den Sohn Paul Winteler heiraten.

Mit dem sechs Jahre älteren Ingenieur Michele Angelo Besso hat er zum ersten Mal in seinem Leben einen richtigen Freund. Mit ihm kann er stundenlang über wissenschaftliche Fragen fachsimpeln, aber auch vergnügt und übermütig sein. Albert macht sich oft über Besso lustig, bezeichnet ihn als »Schlemihl« – also einen Pechvogel, der auch einmal Glück haben kann –, weil er wohl ähnlich zerstreut und weltfremd ist wie Albert. Er macht seinen Freund mit der Familie Winteler bekannt und Besso verliebt sich prompt in die Tochter Anna und heiratet sie später.

Albert bleibt die ganzen drei Semester seiner Schulzeit bei Wintelers wohnen und erlebt diese Zeit als eine der glücklichsten seines Lebens. Besonders gut versteht er sich mit Frau Winteler, die er geradezu als Ersatzmutter betrachtet und sie »Liebes Mamerl« nennt. Weihnachten will er nicht einmal zu seiner eigenen Familie fahren, sondern bleibt in Aarau. Dies hat noch einen anderen Grund, denn mit einer der Töchter des Hauses – Marie, zwei Jahre älter als der Gast – entwickelt sich eine romantische Liebelei. Aus den Schulferien in Italien schreibt er am 21. April 1896 an sie einen Brief voller Schwärmerei. Von »Schatzerl«

mit seinen »lieben Äuglein« und »zierlichen Händchen«, von »Engelchen«, »Heimweh« und »Sehnsucht« ist die Rede. Sein Fazit: »Doch die Liebe beglückt wieviel mehr, als die Sehnsucht schmerzt.«[15]

Einsteins Mutter wird in die Liebesgeschichte eingeweiht. Sie nimmt die Schwärmerei ihres 17-jährigen Sohnes wohl nicht so ernst, kann sich aber sehr gut eine Verbindung der beiden ausmalen. Auch sie schreibt gelegentlich Briefe an Marie.

Mitte September 1896 erfolgt in Aarau die schriftliche Maturaprüfung, wie die Abiturprüfung in der Schweiz heißt. In Französisch schreibt er einen Aufsatz mit dem Titel *Mes projets d'avenir* (Meine Zukunftspläne). Dort führt er erstaunlich präzise und selbstbewusst aus, wie er nach einem Studium der Mathematik und Physik Professor für theoretische Physik werden will. Genau dieses Ziel hat er konsequent angestrebt und erreicht – wenn auch erst nach einigen Umwegen.

Oft hört man die für weniger erfolgreiche Schüler tröstliche Geschichte, dass das Genie Einstein ein mittelmäßiger oder gar schlechter Schüler gewesen sei. Doch leider stimmt das nicht: Nach der mündlichen Prüfung im Oktober erhält Albert das beste Abiturzeugnis des Jahrgangs, und was für eins! In Geschichte, Algebra, Geometrie und Physik erhält er die Bestnote Sechs, in Deutsch, Italienisch, Chemie und Naturgeschichte die Note Fünf, wobei die Note Sechs der bei uns üblichen Eins entspricht, die Fünf der Zwei und so weiter. Daher rührt wohl die immer wieder zu hörende falsche Einschätzung, dass Albert Einstein ein schlechter Schüler gewesen sei, weil jemand wohl nicht so genau hingeschaut und die Zensuren falsch interpretiert hat.

Mit dem Abitur in der Schweiz hat Albert seine ehemaligen Mitschüler in München glatt überholt. Die sitzen zu diesem Zeitpunkt noch immer in der Münchener Drillanstalt und können frühestens in einem Jahr ihr Abitur machen. Was zunächst wie eine Niederlage aussah – der Schulabbruch, die »Flucht« nach Mailand, die nicht bestandene Aufnahmeprüfung –, entpuppt sich jetzt als eine geschickte Abkürzung.

Und auch davon, dass Albert bei seinem Vater und Onkel in die Firma einsteigen oder zumindest einen praktischen Beruf erlernen solle, ist nicht mehr die Rede. Gleich im Oktober 1896 erfolgt die Immatrikulation am Polytechnikum in Zürich an der Abteilung IV A für das Studium des mathematisch-physikalischen Fachlehrers.

Der Studienbeginn bedeutet die Trennung von Aarau und der geliebten Marie. Doch unter den elf Erstsemestern in Zürich befindet sich auch eine Frau – Mileva Marić.

Aufbruch und Rückschläge

Studium und Arbeitssuche, Liebe und Ehe
1896–1904

Der imposante Neorenaissance-Bau der »Eidgenössischen Polytechnischen Schule«, von keinem Geringeren erbaut als dem durch seinen Opernbau in Dresden weltberühmten Gottfried Semper, überragt wie ein Palast die Züricher Altstadt. Die Schule hat einen ausgezeichneten Ruf, insbesondere in den Naturwissenschaften. Der neue Lebensabschnitt in Zürich als Student beginnt im Oktober 1896 mit Kursen in Differential- und Integralrechnung, Geometrie, Mechanik, aber auch in dem »nichtobligatorischen« Fach »Urgeschichte des Menschen«. Albert Einstein hat hervorragende Lehrer: Die Mathematiker Adolf Hurwitz und Hermann Minkowski – Letzterer später ein bedeutender Vertreter der Zahlentheorie – stehen für den guten Ruf des »Poly«.

Einstein fällt das Studium leicht, seine Zensuren sind wieder sehr gut. Er kann es sich leisten, nur die für ihn wichtigen Vorlesungen zu besuchen. Noch lieber arbeitet er für sich allein in seinem möblierten Zimmer bei Frau Henriette Hägi, einer älteren Dame. Er schreibt dazu: »Sonst aber ›schwänzte‹ ich viel und studierte zu Hause die Meister der theoretischen Physik mit heiligem Eifer.«[1] Allerdings gibt es einen Zwischenfall im physikalischen Praktikum, in dem Einstein wohl eigene Wege gehen und sich den Anweisungen seines Professors nicht fügen will. Prompt erhält er auf dem Zwischenzeugnis in diesem Fach eine Eins – die schlechteste Note – und überdies einen Vermerk: »Einstein erhält auf brieflichen Antrag des Herrn Pernet wegen Vernachlässigung des physikalischen Praktikums einen Verweis durch die Direction.«[2] Wenn er Probleme mit Autoritäten wie Lehrern, Vorgesetzten oder Politikern bekommt, dann nicht wegen mangelnder Fähigkeiten, sondern wegen seiner Ansichten. Individualität und Freiheit des Denkens sind seine Prinzipien, und er setzt sich jugendlich selbstbewusst und beinahe arrogant von der Mehrzahl seiner Mitmenschen ab, wenn er sagt: »Als das eigentlich Wertvolle im menschlichen Getriebe empfinde ich nicht den Staat, sondern das schöpferische und fühlende Individuum, die Persönlichkeit: sie allein schafft das Edle und Sublime, während die Herde als solche stumpf im Denken und stumpf im Fühlen bleibt.«[3]

Abgesehen von derartigen kleinen Reibereien ist Einstein eher ein Musterstudent, dem dann später auf dem Abschlusszeugnis auch bescheinigt wird: »Über das sittliche Verhalten liegen keine Klagen vor.«[4] Das lustige Studentenleben mit Kneipenabenden ist nicht seine Sache. Er spielt in seinem Zimmer lieber seine geliebte Geige oder segelt auf dem Zürichsee. Sowohl sein Studium als auch seine Freizeitgestaltung scheinen ihm zu gefallen. Er kann voll guter Laune in einem Brief an seine alte Gastfamilie in Aarau schreiben: »Mir gehts recht gut. Ich arbeite viel und bin sehr vergnügt und wohl dabei. Die Tage und Wochen fliegen so dahin, ohne daß ichs an was anders merke als gegen Schluß des Monats«[5] – dann nämlich, wenn das knappe Taschengeld, das er von seinen Eltern aus Mailand erhält, zur Neige geht.

Trotz seiner soliden Einstellung gerät der junge Student bald in einen Strudel der Gefühle. Er muss sich klar werden über die Beziehungen zu zwei Frauen, wie sie unterschiedlicher nicht sein könnten: Auf der einen Seite Marie Winteler in Aarau, die inzwischen eine Aushilfsstelle als Lehrerin in dem kleinen Ort Olsberg im Aargau angenommen hat, auf der anderen Seite Mileva Marić, die im gleichen Semester mit Albert Physik studiert.

Marie himmelt ihren Albert an, ist fröhlich und mitunter ein wenig albern, versteht nicht viel von Wissenschaft und Physik und will auch nicht viel davon verstehen. Sie verträgt sich prächtig mit der »Schwiegermutter in spe« und merkt doch, dass ihr »innig geliebter« Freund ihr zu entschwinden droht. Sie schreibt ihm im November 1896, wie sie sich auf seinen Besuch freue: »Morgen ist Donnerstag und dann Freitag und dann endlich endlich Samstag und dann kommen Sie mit Ihrer Geige, Ihrem lieben Kinde.«[6] Aber schon im nächsten Brief beklagt sie sich, dass sie auf eine Antwort ihres »lieben Schatzes« so »fürchterlich« lange habe warten müssen.

Albert zieht sich tatsächlich von Marie zurück und begründet sein Verhalten zunächst mit allerhand Ausflüchten. Als er zu Pfingsten 1897 nach Aarau eingeladen wird, lehnt er in einem Brief an Maries Mutter den Besuch ab: »Ich kann Pfingsten nicht zu Ihnen kommen. Es wäre meiner mehr als unwürdig, wenn ich ein paar Tage Wonne mit neuem Schmerz erkaufte, den ich dem lieben Kindchen schon viel zu viel durch meine Schuld verursacht habe.«[7] Er spricht dann von angestrengter geistiger Arbeit, Gottes Natur und den Engeln der Wissenschaft, die ihn durch »alle Wirren dieses Lebens« führen sollen.

Das ist zwar keine klare Absage an Marie, aber ein vorsichtiges, kompliziert formuliertes Distanzieren. Albert ist geradezu erschrocken über Maries heftige Gefühle, die er nicht erwidern kann oder will. Aus der unverbindlichen, wenn auch manchmal leidenschaftlichen Liebelei zweier Jugendlicher wächst aus Maries Sicht eine Beziehung, die auf Dauer angelegt ist. Dies sieht Albert anders. Er flirtet gern mit Mädchen und will sich nicht binden.

Was Albert außerdem nicht behagt, ist das Eindringen anderer Menschen in sein Privatleben. Deshalb fühlt er sich bedrängt von der gut gemeinten Ankündigung Maries zu einem Besuch; sie schreibt nämlich: »Mein liebes liebes Herz! Wenn die traurige Verbannungszeit da oben [in Olsberg] ein Ende hat, kommen Mama und ich einmal nach Zürich um zu sehen wo mein Lieb seine Tage verträumt, ich freu mich so sehr drauf. Dann will ich alles so stellen wies mir gefällt, gelt und dann sind Sie noch einmal so gern in Ihrem Studierstübchen.«[8]

Zur gleichen Zeit schlägt Albert in einem Brief an Mileva Marić ganz andere Töne an: »Wenn nur Sie wieder einmal ein bissel bei mir wären! Wir verstehen uns gegenseitig so gut auf unsere schwarzen Seelen und daneben aufs Kaffeetrinken und Würstelessen etc. ......«[9] Die Pünktchen am Ende des Satzes unterstreicht er dick. Beide stecken zu diesem Zeitpunkt offensichtlich bereits tief in einer leidenschaftlichen Beziehung.

Mileva ist im Unterschied zu Marie ein oft schwermütiger Mensch mit schwarz glänzendem Haar, großen dunklen Augen und immer ernstem Ausdruck im Blick. Sie ist am 19. Dezember 1875 geboren, ist also gut drei Jahre älter als Albert. Durch eine Hüftverrenkung, die nicht rechtzeitig erkannt oder falsch behandelt wird, wird sie ihr Leben lang hinken. Eine Tuberkulose hinterlässt Spuren und so ist sie oft kränklich.

Mileva entstammt einer serbischen Familie aus der Vojvodina, einer damals ungarischen Provinz nördlich von Belgrad. Ungarn gehört zur österreichisch-ungarischen Doppelmonarchie, und Milevas Vater hat dort als Offizier und Beamter Karriere und dabei ein Vermögen gemacht, mit dem sich gut auskommen lässt. Mileva ist das erste Kind der Familie; eine Schwester und ein Bruder folgen, aber sie bleibt die Lieblingstochter ihres Vaters, der sie »Mitza« ruft. Der Vater erkennt früh die besonderen Fähigkeiten seiner Tochter, gibt ihr deutschsprachige Bücher zum Lesen, lässt sie auf die Höhere Mädchenschule in Novi Sad gehen, später soll sie sogar ein Gymnasium besuchen. Dies ist in Österreich-Ungarn nicht möglich, denn dort gibt es nur Gymnasien für Jungen. Sie muss also umziehen, und zwar nach Serbien – das auf dem Berliner Kongress von 1875 seine Unabhängigkeit erhält –, wo auch Mädchen die Gymnasien besuchen dürfen. Besonders gute Leistungen zeigt sie in den Fächern Mathematik und Physik. Als ihr Vater 1891 nach Zagreb versetzt wird, erreicht er, dass seine Tochter dort auf das Königliche Obergymnasium darf. Mileva hat damit vielleicht Geschichte geschrieben als eines der ersten Mädchen, die in Österreich-Ungarn auf einer reinen »Knabenschule« gemeinsam mit Jungen unterrichtet wird.

1894 geht sie in die Schweiz nach Zürich, macht dort ihr Abitur und beginnt dann das Studium für das Lehrfach Mathematik und Physik am Polytechnikum. Die Züricher Universität ist nicht nur für ihren guten wissenschaftlichen Ruf bekannt, sondern auch dafür, dass sie als erste Universität Europas bereits seit 1880 Frauen zum Studium zulässt.

In Deutschland und speziell in Preußen sieht es um diese Zeit noch anders aus. Max Planck – eher einer der fortschrittlicheren Professoren der Physik in Berlin – will zwar Frauen »probeweise und widerruflich« zu seinen Vorlesungen zulassen, meint jedoch generell: »Andererseits muß ich aber daran festhalten, daß ein solcher Fall immer nur als Ausnahme betrachtet werden kann, und daß es insbesondere höchst verfehlt wäre, durch Gründung besonderer Anstalten die Frauen zum akademischen Studium heranzuziehen, wenigstens sofern es sich um rein wissenschaftliche Forschung handelt. Amazonen sind auch auf geistigem Gebiet naturwidrig.«[10] Fairerweise muss aber auch gesagt werden, dass ausgerechnet Max Planck später die Atomphysikerin Lise Meitner zur ersten weiblichen Universitätsassistentin in Preußen gemacht hat.

Mileva ist die einzige Frau in Albert Einsteins Semester. Beide unterhalten sich oft über fachliche Themen, leihen sich gegenseitig Lehrbücher aus und bleiben zunächst beim »Sie«. Immerhin zeigt Albert bei einem Besuch in Mailand seiner Mutter ein Foto von Mileva und erläutert: »Ja, ja, die ist halt ein gescheidtes Luder.«[11] Er schätzt ihre Intelligenz und sie teilt seine Leidenschaft für die Physik.

Aus einem Brief von Albert an Mileva geht hervor, dass er sich bereits 1899 mit Fragen beschäftigte, die ihn Jahre später zur Formulierung der Relativitätstheorie führen werden. Er schreibt: »Es wird mir immer mehr zur Überzeugung, daß die Elektrodynamik bewegter Körper, wie sie sich gegenwärtig darstellt, nicht der Wirklichkeit entspricht, sondern sich einfacher wird darstellen lassen. Die Einführung des Namens ›Äther‹ in die elektrischen Theorien hat zur Vorstellung eines Mediums geführt, von dessen Bewegung man sprechen könne, ohne daß man, wie ich glaube, mit dieser Aussage einen physikalischen Sinn verbinden kann.«[12] Genau dies wird Einstein später beweisen und Mileva erlebt diese Gedanken hautnah mit.

Langsam werden Mileva und Albert ein unzertrennliches Paar. Sie stecken ständig zusammen, lernen gemeinsam für die Studienprüfungen und schreiben sich eifrig Briefe, wenn sie getrennt sind. Im Sommer 1900 geht man zum »Du« über, wobei er sie meist »Doxerl« nennt – eine mundartliche Ableitung von dem süddeutschen Wort »Docke« für Puppe. Und sie geht vom steifen »Herrn Einstein« zum zärtlicheren »Johonesl« über.

Zunächst gilt es, die Abschlussprüfung zu absolvieren. Im Sommer des Jahres 1900 stehen die mündlichen Prüfungen an, nachdem beide eine schriftliche Diplomarbeit mit einem ähnlichen Thema (Wärmeleitung) abgegeben haben. Von den ursprünglich elf Erstsemestern sind gerade noch vier Studenten und eine Studentin übrig geblieben. Am 27. Juli werden die Ergebnisse verkündet – eine herbe Enttäuschung: Albert kommt noch einmal mit einem blauen Auge davon. Er erhält das Notenmittel 4,91 von maximal sechs möglichen Punkten und wird damit als Schlusslicht seines Jahrgangs diplomiert. Die drei Mitstudenten glänzen mit weitaus besseren Noten. Und Mileva fällt mit einem Schnitt von 4,00 durch. Ob sie als Frau vielleicht doch von den Herren Professoren benachteiligt wird oder wirklich Schwächen in Mathematik und Geometrie hat, muss offen bleiben. Jedenfalls ist die Enttäuschung groß, und sie reist nach Hause in die Vojvodina, um sich für einen neuen Anlauf im nächsten Jahr Mut zu machen.

Albert tröstet Mileva auf seine Weise: Plötzlich ist von Heirat die Rede. Unmittelbar nach dem Prüfungsdebakel fährt er mit Mutter, Schwester Maja und Tante Julie zur Sommerfrische in einen Schweizer Kurort und erzählt dort von der Prüfung und auch, dass Mileva durchgefallen sei. Seine Mutter fragt daraufhin arglos: »Nun, und was wird denn aus Dockerl?«, worauf er kurz und bündig antwortet: »Meine Frau.«

Die folgende Szene schildert er Mileva in einem langen Brief[13] in allen Einzelheiten. Seine Mutter habe sich auf das Bett geworfen und geweint wie ein Kind. Sie habe geschimpft wie ein Rohrspatz und ihre gesamten Vorurteile rausgelassen: »Du vermöbelst dir deine Zukunft und versperrst dir deinen Lebensweg. – Die kann ja in gar keine anständige Familie. – Wenn sie ein Kind bekommt, dann hast du die Bescherung. – Sie ist ein Buch wie du – du solltest aber eine Frau haben. – Bis du 30 bist, ist sie eine alte Hex.«

Mileva liest diesen Brief mit gemischten Gefühlen. Ihr Bräutigam stellt sich als mutiger Mann dar, der seiner Mutter die Stirn bietet und einem Familienkrach nicht ausweicht. Andererseits weiß sie nur zu genau, wie abhängig Albert von seiner Familie ist. Gerade jetzt drücken ihn die finanziellen Sorgen besonders, denn das Studium ist zwar beendet, eine Anstellung jedoch weit und breit nicht in Aussicht. Meint er es wirklich ernst mit der Heirat? Und wird er gegenüber seiner Mutter unnachgiebig bleiben?

Mit dieser Szene seiner Mutter beginnt für Einstein eine lange Zeit der Unsicherheit, des Bangens und des Wechsels zwischen Hoffnung und Enttäuschung. Alles scheint sich, so empfindet er es zumindest, gegen ihn verschworen zu haben: Da sind die Auseinandersetzungen mit der Familie, die vergebliche Suche nach einer Anstellung, Geldsorgen, die Heimlichtuerei mit Mileva und dazu noch die fehlende Resonanz auf seine ersten wissenschaftlichen Aufsätze.

Dass er seiner Mutter so entschieden gegenübergetreten ist, bereut er bald und meint zu Mileva, besser wäre es gewesen, »wenn wir alles unter uns gelassen hätten«. Aber dazu ist es nun zu spät. Er fährt nach Mailand, um den Vater zu beruhigen, ohne allzu viel Erfolg. Mileva schreibt ihm ihre Briefe per Einschreiben, aus Angst, seine Eltern könnten sie in die Hände bekommen. Das Ganze zieht sich über mehrere Monate hin, bis die beiden sich im Oktober 1900 in Zürich wiedersehen können. Mileva will einen zweiten Anlauf nehmen und ihre Diplomprüfung wiederholen.

Einstein lässt sich in seiner Einstellung zu Mileva nicht beirren. Er zeigt verstärkt Zuneigung, seine Briefe werden romantisch, er verabschiedet sich in seinen Briefen nun immer öfter mit »innigen Küssen« und will Mileva »abbusseln« oder »herzen und drücken«. Es geschieht genau das Gegenteil dessen, was seine Mutter anstrebt. Jede Feindseligkeit oder Stichelei ihrerseits bestärkt Albert in seinen Gefühlen zu Mileva.

Bei ihr findet er, was er bei Marie vermisst hat. Albert und Mileva haben ein gemeinsames Drittes – die Wissenschaft. Mileva ist in seine physikalischen Gedanken eingeweiht, ihr schildert er seine geheimsten Wünsche und findet Anerkennung und Bestätigung. Auch die sexuelle Beziehung zu Mileva ist beglückend: »Ich vermisse zwei Ärmchen und das glühende Mäulchen voll Zärtlichkeit . . . Wie hab ich die katholischen Geistlichen bemitleidet, die in Melchthal waren.«[14]

Es scheint, als werde die Verbindung von Mileva und Albert aus seiner Perspektive idealisiert. Er versteigt sich zu einem elitären Lebensgefühl und zeigt zunehmend Verachtung für die Menschen, bei denen, anders als bei ihm, »die Sinne die unmittelbare Herrschaft über die Gefühle ausüben«[15]. Die lange Trennung der beiden verstärkt seine Phantasien; er erschafft sich das Bild einer Traumfrau und projiziert seine Wünsche auf sie als Partnerin in wissenschaftlichen Fragen wie als Geliebte. Diese Verehrung gipfelt schließlich in einem fast religiös verklärten Bekenntnis: »Du bist und bleibst mir ein Heiligtum.«

Inzwischen wird die Frage der beruflichen Zukunft Einsteins langsam zu einem Albtraum. Die drei Studenten, die gemeinsam mit ihm das Diplom abgelegt haben, werden als Assistenten angestellt, Einstein geht leer aus. So gibt er Privatstunden in Mathematik und Physik, um sich seinen Lebensunterhalt mehr schlecht als recht zu verdienen, und schreibt eine erfolglose Bewerbung nach der anderen. Er verdächtigt schon seine alten Professoren der Verschwörung gegen ihn.

Im Februar 1901 beantragt und erhält Einstein die Bürgerschaft der Stadt Zürich und damit nach den Jahren der Staatenlosigkeit die schweizerische Staatsangehörigkeit. Nun erhofft er sich bessere Bewerbungschancen, zum Beispiel als Beamter im Schuldienst oder an einer Hochschule.

In dieser Zeit fährt der inzwischen 22-Jährige für mehrere Monate nach Mailand zu seinen Eltern, um vielleicht deren Verbindungen nutzen zu können. An die in Zürich gebliebene Mileva schreibt er eifrig Briefe und fährt so oft wie möglich am Wochenende zu ihr. Alberts Vater bietet seinem Sohn erneut eine Anstellung in der Firma an, was Einstein natürlich nicht gerade begeistert. Die Lage ist so aussichtslos, dass Vater Hermann im März 1901 selbst an den ihm völlig unbekannten »hochgeehrten Herrn Professor« Wilhelm Ostwald einen geradezu unterwürfigen Bittbrief[16] schreibt. Er lobt die Begabung, den Fleiß und die Fähigkeiten seines Sohnes und bittet um eine Assistentenstelle, denn er befürchtet, dass sein Sohn »mit seiner Carriere entgleist« sei.

Professor Ostwald ist einer der renommiertesten Chemiker und Naturphilosophen in Leipzig. Acht Jahre später wird er den Nobelpreis für Chemie erhalten und eine so hohe Meinung von Einstein haben, dass er diesen selbst zum Nobelpreis vorschlägt. Aber im Jahr 1901 ist die Situation eine ganz andere: Hermann Einstein bekommt nie eine Antwort auf seinen Brief.

Im Frühjahr unternehmen Mileva und Albert eine kurze Reise nach Norditalien, besuchen Como und Cadenabbia und machen einen Ausflug zum verschneiten Splügenpass. In einem Pferdeschlitten lassen sie sich durch die verzauberte Schneelandschaft kutschieren. Dieses Zusammentreffen ist eines der glücklichsten Erlebnisse der beiden. Mileva berichtet einer Freundin in einem Brief: »Wie glücklich war ich, wieder meinen Liebsten ein bisschen zu haben, besonders wie ich sah daß er ebenso glücklich ist!«[17]

Anschließend kehren beide nach Zürich zurück. Sie lernt inzwischen eifrig, überschattet ist diese Zeit aber auch – wie immer bei ihr – mit dunklen Vorahnungen und Zukunftssorgen, was die Wiederholung der Diplomprüfung betrifft. Und dann der große Schock: Sie ist schwanger. Die Schwangerschaft ist natürlich keinesfalls gewollt, und beide geben sich große Mühe, diese Tatsache zu verheimlichen. Keiner der Freunde, Bekannten oder gar Familienangehörigen wird eingeweiht. Über die weitere Zukunft wird offensichtlich nicht geredet.

Die gemeinsame Zeit in Zürich dauert nicht an, denn Einstein erhält in Winterthur Mitte Mai eine Aushilfsstelle als Lehrer am dortigen Technikum, die er zwar nicht gerade mit Begeisterung annimmt, dafür aber mit Galgenhumor: »Der wackre Schwabe forcht sich nit.«[18] Er wird in den Meldeunterlagen als »Dissident« geführt.[19] Inzwischen hat er sich von seinen religiösen Ursprüngen weit entfernt. Auch Mileva – die der griechisch-orthodoxen Religion angehört – hat nichts mit der jüdischen Welt zu tun.

Seltsamerweise ist die Schwangerschaft – zumindest in den Briefen – nur selten ein direktes Thema zwischen den beiden. Stattdessen schwärmt Einstein in einem Brief aus Winterthur von seiner Begeisterung über einen Aufsatz zur Erzeugung von Kathodenstrahlen: »Im Eindruck dieses schönen Stücks bin ich von solchem Glück erfüllt und solcher Lust, daß Du auch unbedingt etwas haben mußt.« Dann kommt er doch noch auf Persönliches zu sprechen: »Sei nur guten Mutes, Liebe, und mach Dir keine Grillen. Ich verlasse Dich ja nicht und werde schon alles zum guten Ende bringen.« Und fragt dann lapidar: »Was macht der Junge?«[20]

Angesichts der ungeklärten Fragen – Was soll aus dem Kind werden? Können sie heiraten, und wann? – verdrängt Albert die Schwierigkeiten massiv. Verständlicherweise macht sich Mileva Sorgen, aber Einstein versucht, sie mit einem Überschwang von Gefühlen zu beruhigen. »Sei herzlich gebusselt« oder »sei tausendmal geküßt« sind nun seine Schlussformeln in den Briefen aus Winterthur. Sonntags fährt er meist nach Zürich, um mit Mileva zusammen zu sein; einen dieser Besuche kündigt er mit dem schönen Versprechen an: »Am Sonntag küss' ich Dich mündlich.«[21] Und er tröstet sie mit der reichlich selbstbewussten Vermutung, dass sie keine ihrer Freundinnen beneiden müsse, denn: »Du hast mehr als sie alle.«[22]

Einsteins Selbstbewusstsein bekommt allerdings einen derben Dämpfer von einer ganz anderen Seite. Seine wissenschaftlichen Ambitionen, sein eigentlicher Lebensinhalt werden auf einmal in Frage gestellt. Er schreibt Paul Drude, dem Herausgeber der »Annalen der Physik« – der renommiertesten Zeitschrift für Physik überhaupt –, einen Brief mit allerhand Einwänden gegen dessen Elektronentheorie der Metalle und versucht damit naiv, auf seine eigenen besonderen Fähigkeiten aufmerksam zu machen. Indirekt bietet er sich so für eine wissenschaftliche Anstellung an. Drude behandelt den Aushilfslehrer aber herablassend und lehnt Einsteins Einwände schlicht und einfach ab. Einstein ist empört und verletzt: »Es ist kein Wunder, wenn man nach und nach Menschenverächter wird.«[23]

Anfang Juli, inzwischen im vierten Monat schwanger, legt Mileva erneut ihre Diplomprüfung ab – und es kommt, wie es kommen muss: Wieder fällt sie durch, wieder mit einem Notendurchschnitt von 4,00. Sie kehrt zu ihren Eltern nach Novi Sad zurück, um reinen Tisch zu machen und ihnen die ganze Misere zu erzählen.

Albert reagiert mit erneuter Zuneigung zu Mileva, diesmal mit einer bisher unbekannten Entschlossenheit, wenn auch sehr theatralisch: »Nun aber freue Dich über den unwiderruflichen Entschluß, welchen ich gefaßt habe! Ich habe über unsre Zukunft folgendes beschlossen: Ich suche mir eine, wenn auch noch so ärmliche Stelle sofort. Meine wissenschaftlichen Ziele und meine persönliche Eitelkeit werden mich nicht davon abhalten, die untergeordnetste

Rolle zu übernehmen. Sobald ich eine solche erhalten habe, verheirate ich mich mit Dir und nehme Dich zu mir, ohne irgend jemand eher ein Wort davon zu schreiben, als bis alles erledigt ist. Dann aber kann niemand einen Stein auf Dein liebes Haupt werfen, sondern weh dem, der sich was gegen Dich erlauben wollte.«[24]

Anfang September 1901 erhält Einstein eine Stellung als Privatlehrer in Schaffhausen am Rhein, wieder nichts Besonderes, aber Wahlmöglichkeiten hat er keine. Zum Heiraten reicht das Einkommen jedenfalls nicht. Mileva besucht ihn im Oktober unter höchster Geheimhaltung. Sie bezieht ein Hotel in einigen Kilometern Entfernung und Einstein kann sie dort besuchen. In zwei Monaten wird ihrer beider Kind zur Welt kommen, und Mileva ist in höchster Sorge, dass Einsteins Eltern oder andere Bekannte sie in diesem Zustand sehen könnten. Nach einem Monat fährt sie zurück nach Hause, die Zukunft ist ungewisser denn je. Trotz seiner wiederholten Versprechen ist von Heirat nicht mehr die Rede.

Im Januar 1902 bringt Mileva in Novi Sad eine Tochter zur Welt. Abgesehen von ihren Eltern, erfährt niemand von diesem Mädchen, das Einstein in seinen Briefen an Mileva »Lieserl« nennt. Zunächst fühlt Einstein so etwas wie Vaterglück. Er schreibt: »Ist es auch gesund und schreit schon gehörig? Was hat es denn für Augerl? Wem von uns sieht es mehr ähnlich? ... Ich hab es so lieb und kenns doch noch gar nicht! Könnt man es denn nicht photografieren, bis Du wieder ganz gesund bist?«[25]

Aber Einstein wird seine Tochter nie sehen. Einige Monate später kehrt Mileva in die Schweiz zurück, ohne Kind. Und erst in einem späteren Brief aus dem Jahre 1903 an Mileva liest man einen dunklen Hinweis: »Als was ist denn das Lieserl eingetragen? Wir müssen sehr Sorge haben, daß dem Kinde nicht später Schwierigkeiten erwachsen.«[26]

Aus diesen Bemerkungen hat man den Schluss gezogen, dass die Tochter zur Adoption gegeben wurde. Jedenfalls sind alle Spuren so gründlich verwischt, dass nie eine Geburtsurkunde oder irgendein anderes Dokument zu Lieserl aufgetaucht ist. Nirgendwo wird die Tochter mehr erwähnt; niemand ahnt etwas von einem vorehelichen Kind. Einstein nahm dieses Geheimnis mit in sein Grab, doch wusste er nicht, dass Mileva seine Briefe an sie aufbewahrt hatte. Erst 1992 – also 90 Jahre nach der Geburt der Tochter – gelangen diese Briefe an die Öffentlichkeit und geben das Geheimnis preis.

Vermutlich ist die Adoption des Kindes auf Betreiben Einsteins erfolgt, um seine Karriere nicht zu gefährden. Uneheliche Kinder sind zu dieser Zeit an sich nicht ungewöhnlich; allerdings wäre bei einem angehenden Beamten natürlich allerhand Gerede und möglicherweise auch die eine oder andere Benachteiligung in diesem konservativen Umfeld zu erwarten gewesen. Außerdem ist Mutter Pauline immer noch nicht versöhnt. Milevas Sicht ist nicht überliefert. Es gibt keine Dokumente, die ihr Verhältnis zu ihrer Tochter oder ihre Rolle bei der Adoption erläutern. Wahrscheinlich ist es ihr sehr schwer gefallen, ihr erstgeborenes Kind wegzugeben. Dies erklärt vielleicht den dunklen Schatten, den man von diesem Zeitpunkt an verstärkt auf Milevas Leben spürt.

Einstein findet trotz all der Probleme und Existenzsorgen die Zeit und Kraft, eine wissenschaftliche Arbeit fertig zu stellen und auch bei den berühmten »Annalen der Physik« einzureichen. Seine erste ernst zu nehmende wissenschaftliche Veröffentlichung wird tatsächlich von der Zeitschrift angenommen unter dem Titel »Folgerungen aus den Capillaritätserscheinungen«[27]. Darin erklärt er mit Hilfe einer von ihm selbst entworfenen Molekulartheorie das Phänomen des Steigens und Fallens von Flüssigkeiten in einem Rohr, zum Beispiel in einem Strohhalm. Diese Arbeit ist die Eintrittskarte in den erlauchten Kreis der Wissenschaft, für einen 22-Jährigen eine immense Anerkennung. Auch Mileva ist glücklich und schreibt einer Freundin über diese Arbeit: »Kannst Dir vorstellen, wie stolz ich auf mein Schatzerl bin. Es ist nämlich keine alltägliche Arbeit, sondern sehr bedeutend.«[28]

Die Freude ist von kurzer Dauer, denn es gibt gleich

wieder einen Rückschlag: Seine Doktorarbeit droht von den Professoren der Universität Zürich abgelehnt zu werden, da Einstein seine Kritik an Paul Drude nicht abmildern will. Er zieht die Arbeit also zurück und kann sich am 1. Februar 1902 seine schon bezahlten Gebühren in Höhe von 230 Franken in Zürich wieder abholen. Natürlich gibt er nicht auf, sondern wird seine Doktorarbeit vier Jahre später nachholen.

Inzwischen hat er eine viel versprechende Bewerbung beim »Eidgenössischen Amt für geistiges Eigentum« – wie damals das schweizerische Patentamt heißt – für eine Ingenieurstelle eingereicht. Friedrich Haller, Leiter des Patentamtes, hatte ihn zu dieser Bewerbung ermutigt und Einstein ist sofort begeistert und euphorisch. Aber sogleich wird er übermütig, verlässt seine Stelle in Schaffhausen »mit Knalleffekt«, zieht nach Bern in die Nähe des Patentamts und malt sich eine herrliche Zukunft als Beamter und Ehemann aus.

Allerdings geht alles sehr langsam, sehr schweizerisch bedächtig voran; so eine Beamtenanstellung dauert Monate. Einstein bleibt nichts anderes übrig, als wieder mit Privatunterricht seinen Lebensunterhalt zu verdienen. Im »Anzeiger für die Stadt Bern« gibt er am 5. Februar 1902 ein Inserat auf, in dem er als »Inhaber des eidgenössischen polytechnischen Fachlehrerdiploms« Unterricht in Mathematik und Physik anbietet, und zwar »gründlichst«, »Probestunden gratis«.

Bereits am 8. Februar kann er berichten, dass er einen Ingenieur und einen Architekten als Schüler gefunden hat, von denen er zwei Franken pro Mann und Stunde bekommt: »Das ist doch ganz hübsch.«[29]

Am 23. Juni 1902 ist es endlich so weit: Einstein wird Beamter am Eidgenössischen Patentamt in Bern, und zwar als »Experte dritter Klasse«. Als Jahresgehalt erhält er 3 500 Schweizer Franken; das ist zwar nicht üppig, aber die Existenz ist gesichert. Er hat die Aufgabe, Patentanträge für Erfindungen auf ihre Neuartigkeit und technische Korrektheit zu prüfen. Die Arbeit gefällt ihm, er findet sie abwechslungsreich und nicht allzu anstrengend. Dass er bei dieser Arbeit durchaus gewissenhaft und selbstbewusst ist, zeigen seine Gutachten. Der mächtigen und weltberühmten AEG schreibt er einmal zu einem Patentantrag lapidar: »Der Patentanspruch ist inkorrekt, ungenau und unklar redigiert.«[30]

Neben seinem Achtstundentag findet er genug Zeit und Muße, seine wissenschaftlichen Arbeiten und Forschungen weiter zu betreiben und zu vertiefen. Eine besondere Rolle spielen dabei die beiden Studenten Maurice Solovine und Conrad Habicht, mit denen Einstein wissenschaftliche Diskussionen führt. Ihre Zusammentreffen nennen sie scherzhaft »Akademie Olympia«.

Solovine und Habicht werden für Einstein zu wichtigen Gesprächspartnern und lebenslangen Freunden.

Sie lesen gemeinsam wissenschaftliche und vor allem philosophische Bücher, unter anderem von David Hume, dem bedeutendsten Vertreter der englischen Aufklärung, und Baruch Spinoza, der die christlichen und jüdischen Religionen als erstarrt und leer kritisierte und so etwas wie eine Naturreligion begründete.

Für Einstein hat diese »Akademie« eine sehr wichtige Funktion, denn er lebt nun nicht mehr in einem akademischen Umfeld, sondern geht seinem Arbeitstag im Patentamt nach. Er hat also keine Ansprechpartner wie die Kollegen an der Universität. So werden nun seine Freunde zum Prüfstein seiner Gedanken und zu wichtigen Kommunikationspartnern. Die Freunde können jedoch auch ausgelassen sein, trinken gerne einen Tropfen oder rauchen ihre Tabakspfeifen.

Am 10. Oktober 1902 stirbt Einsteins Vater Hermann an den Folgen eines Herzleidens in Mailand. Einstein muss nun auch für seine Mutter sorgen, der sein Vater nichts als Schulden hinterlassen hat und die künftig auf das Wohlwollen ihrer Verwandten angewiesen ist.

Kurz vor seinem Tod hat der Vater die Einwilligung zur Heirat von Mileva und Albert gegeben und so findet am 6. Januar 1903 im Rathaus von Bern die Eheschließung mit den beiden Trauzeugen Maurice Solovine und Conrad Habicht statt. Es wird eine ganz kleine Feier in einem Restaurant, keiner der Verwandten von Braut oder Bräutigam ist dabei. Kurz nach der Hochzeit zieht das Ehepaar in die Kramgasse 49. In diesem Haus, das später den Namen »Geburtshaus der Relativitätstheorie« erhalten wird, befindet sich heute eine Einstein-Gedenkstätte mit einer kleinen Ausstellung.

Am 14. Mai 1904 wird als erstes offizielles Kind der jungen Familie der Sohn Hans Albert geboren.

Energie, Masse und Lichtgeschwindigkeit
Das annus mirabilis und die Formel $E = mc^2$
1905–1907

Das Leben des jungen Ehepaares Einstein in Bern geht seinen ruhigen Gang. Albert Einstein verbringt seinen täglichen Arbeitstag im Patentamt und diskutiert auf dem Heimweg mit seinem Freund Michele Besso physikalische Gedanken. Besso ist inzwischen ebenfalls Prüfungsbeamter im Patentamt und als enger Kollege Einsteins ein kritischer Zuhörer. Das Familienleben wird von Einstein als harmonisch empfunden und er schreibt seinem Freund: »Ich bin jetzt ein verheirateter Ehemann und führe mit meiner Frau ein sehr nettes behagliches Leben. Sie sorgt ausgezeichnet für alles, kocht gut und ist immer vergnügt.«[1]

Doch sein Hauptinteresse gilt der Physik. Zu Conrad Habicht, dem Diskussionspartner aus der »Akademie Olympia«, sagt er: Nach den Arbeitsstunden gebe es »acht Stunden Allotria und noch einen Sonntag«[2]. In dieser freien Zeit denkt und grübelt er, weitgehend auf sich allein gestellt. Seine Gedanken kreisen um die ungelösten Probleme der Materie und der Gase, die Bewegung von Atomen und Molekülen sowie die Wärmelehre. Und das Denken fällt nicht immer leicht. Er meint dazu: »Jetzt weiß ich, warum es so viele Leute gibt, die gern Holz spalten. Bei dieser Tätigkeit sieht man nämlich immer sofort den Erfolg!«[3]

Oft sitzen die Freunde in der kleinen Wohnung zusammen; Einstein, Habicht und Solovine diskutieren. Mileva hört gelegentlich zu, soweit die Hausarbeit und die Betreuung des Babys ihr Zeit lassen. Was Einstein tut, ist eigentlich nicht als wissenschaftliche Arbeit im herkömmlichen Sinn zu bezeichnen. Er hat keine Universität im Hintergrund, er prüft seine Gedanken nicht mit Professoren, sondern mit gleichaltrigen Freunden, er führt keine Experimente oder Forschungen im strengen Sinn durch, er denkt und grübelt nur. Seine Besucher treffen ihn in der Wohnung an, den kleinen Sohn auf den Knien, aber in seine Gedanken vertieft. Später interpretiert er dieses Denken geradezu als zwanghaftes Handeln: »Der Gefühlszustand, der zu solchen Leistungen befähigt, ist dem des Religiösen oder Verliebten ähnlich; das tägliche Streben entspringt keinem Vorsatz oder Programm, sondern einem unmittelbaren Bedürfnis.«[4]

Umso erstaunlicher und unerwarteter ist, was dann im Jahre 1905 geschieht. Unmittelbar nach seinem 26. Geburtstag – dem 14. März 1905 – veröffentlicht er eine Arbeit in den »Annalen der Physik«. Noch fünf weitere Aufsätze werden in diesem Jahr folgen und diese Arbeiten stellen die gesamte Physik auf ein neues Fundament.

Die vorherrschende Einstellung unter Physikern zu Beginn des 20. Jahrhunderts ist eher behäbig und selbstgefällig. Man ist sich seiner Ansichten sicher und erwartet nicht viel Neues. Der geniale Isaac Newton (1643–1727) hatte mit der Erklärung von Masse, Gewicht und Kraft sowie den Trägheits- und Gravitationsgesetzen die Mechanik vollendet, und seine Erkenntnisse gelten als unumstößlich. Auch Einstein sieht dies so – wenn auch etwas ironisch: »Am Anfang (wenn es einen solchen gab) schuf Gott Newtons Bewegungsgesetze samt den notwendigen Massen und Kräften.«[5]

Die Welt gilt als eine große Maschine, die für ewige Zeiten weiterläuft, nachdem sie einmal in Bewegung gesetzt worden ist. Das Denken ist von diesem mechanischen Weltbild so durchdrungen, dass nahezu alles als Maschine interpretiert wird, das Planetensystem, die Vorgänge in der Natur, ja selbst der menschliche Körper. Und für die theoretische Physik gebe es nicht mehr allzu viel zu tun – so meint man; es komme jetzt nur noch darauf an, die mechanischen Gesetze anzuwenden. Und dies geschieht zu dieser Zeit mit atemberaubendem Elan: Das Meter und das Kilogramm werden normiert, die unterschiedlichen Ortszeiten durch die Zeitzonen ersetzt, Überseekabel ermöglichen die Telegrafie und damit präzise Zeit- und Entfernungsmessungen. Dies alles dient der Technik, die mit Eisenbahnen, Messinstrumenten und Uhren das menschliche Leben erleichtern soll. Ein weiterer

Antrieb für die Entwicklung und Perfektionierung der technischen Systeme sind wirtschaftliche und militärische Gründe: Zuverlässige Eisenbahnen sind wichtig für den schnellen Truppentransport in Krisen- oder Kriegsgebiete, die Vermessung der Welt mit schneller Signalübertragung dient der Eroberung und Sicherung von Kolonien.

Doch gegen Ende des 19. Jahrhunderts werden einige Entdeckungen gemacht, die nicht mehr in das mechanische Bild passen wollen. Hatte man schon Schwierigkeiten mit der Erklärung der Elektrizität gehabt, so stehen die Physiker vor einem richtigen Rätsel, als Wilhelm Conrad Röntgen 1895 Strahlen entdeckt, mit denen man in den Körper eines Menschen hineinsehen und sich vom Arbeiten der Organe auch noch eine Fotografie anfertigen lassen kann. Röntgen selbst weiß nicht so genau, was er davon halten soll, und gibt den Strahlen – nach der berühmten Unbekannten in mathematischen Gleichungen – zunächst den schönen Namen X-Strahlen. Zu Recht erhält Röntgen 1901 den erstmals vergebenen Nobelpreis für Physik, vielleicht auch deshalb, weil er sich seine Entdeckung nicht patentieren lässt und damit die breite Anwendung in der Medizin ermöglicht.

Und was soll man von den Arbeiten von Henri Becquerel und dem Ehepaar Marie und Pierre Curie halten, die noch seltsamere Strahlen finden, nämlich die von Uransalzen ausgesandte radioaktive Strahlung?

Schließlich stellt noch Max Planck mit seiner Quantentheorie die Wärmestrahlung auf eine neue Basis.

In dieser Atmosphäre der Unsicherheit, des Umbruchs und des Zweifels veröffentlicht Albert Einstein drei Arbeiten, die nicht nur alle diese Phänomene erklären, sondern die Physik von Grund auf verändern und seinen Ruhm begründen.[6]

Der erste dieser bemerkenswerten Aufsätze trägt den Titel: »Über einen die Erzeugung und Verwandlung des Lichtes betreffenden heuristischen Gesichtspunkt« und wird von Einstein selbst in einem Brief an Conrad Habicht als »sehr revolutionär«[7] bezeichnet. Hier wird die Lichtquanten-Hypothese theoretisch untermauert, die schon häufiger aufgestellt worden war und eine neue Vorstellung von der Natur des Lichts begründet.

Bisher galt die Lichttheorie von James Clerk Maxwell (1831–1879), nach der das Licht sich durch Wellenbewegungen fortpflanze, also keine Materie sei, sondern lediglich ein Zustand der Materie. Wellen benötigen aber ein Medium, in dem sie sich bewegen können, so wie zum Beispiel die durch einen Steinwurf in einen Teich ausgelösten Wellen das Medium Wasser. Für das Licht galt als dieses Medium der »Äther«, unter der man sich eine gasförmige, unsichtbare Substanz vorstellte, die den unendlichen Weltraum füllte. Allerdings gelang es niemandem trotz hartnäckiger Suche, die Existenz dieses Äthers nachzuweisen.

Einstein verzichtet auf die Theorie eines Äthers und weist nun nach, dass Licht keineswegs lediglich Welleneigenschaften hat, sondern aus kleinsten Materieteilchen – den Photonen oder Lichtquanten – besteht. Mit dieser Theorie erklärt Einstein auch den so genannten »photoelektrischen Effekt«, der auf dem Austausch von Elektronen und Licht beruht. Trifft Licht beispielsweise auf ein Metall, werden aus der Oberfläche Elektronen losgerissen. Dieses Phänomen konnte man mit der Wellennatur des Lichtes nicht erklären. Besteht Licht dagegen aus Quanten, denen eine gewisse Masse zuzuschreiben ist, wird die Erklärung ganz einfach: »Lichtbrocken« reißen aus der Metalloberfläche Elektronen heraus. Die Aufklärung dieser Zusammenhänge ist so bedeutend, dass sie – wenn auch erst 15 Jahre später – zur Verleihung des Nobelpreises an Einstein führen wird. Ungeachtet dessen ist die Theorie aber mehr als zwei Jahrzehnte lang bei vielen Physikern heftig umstritten.

Die zweite Arbeit mit dem Titel »Über die von der molekularkinetischen Theorie der Wärme geforderte Bewegung von in ruhenden Flüssigkeiten suspendierten Teilchen« behandelt ein auf den ersten Blick alltägliches Phänomen. Der britische Botaniker Robert Brown hatte um 1830 eine merkwürdig vibrierende Bewegung von Teilchen in Flüssigkeiten entdeckt, für die man keine richtige Erklärung fand. Diese Zitterbewegung, etwa von Milchteilchen in schwarzem Kaffee, kann man unter dem Mikroskop beobachten. Einstein erklärt diese Erscheinung, die man »Brownsche Bewegung« nannte, mit der Wärmebewegung der Moleküle. Die in der Flüssigkeit schwimmenden Teilchen erhalten von allen Seiten Impulse der in Bewegung befindlichen Moleküle der Flüssigkeit mit der Folge, dass sie ihrerseits in Bewegung geraten.

Einstein stellt zwischen der Bewegung der Teilchen, ihrer Geschwindigkeit, ihrer Größe und den Eigenschaften der sie umgebenden Flüssigkeit Beziehungen her, die sich in mathematischen Formeln ausdrücken lassen. Dabei kommt es ihm vor allem darauf an, nachzuweisen, dass Wärme durch die Bewegung von Molekülen – die wiederum aus Atomen zusammengesetzt sind – entsteht. Diese Beweisführung, die später auch experimentell untermauert wird, bringt den Durchbruch für die Atomhypothese und ist damit äußerst bedeutungsvoll für die Physik des 20. Jahrhunderts.

Zu diesem Zeitpunkt ist es unter Physikern noch keineswegs ausgemacht, dass Atome die Bausteine unserer Welt sind. Leidenschaftliche Gegner – wie zum Beispiel der Chemiker Wilhelm Ostwald, bei dem sich Einsteins Vater für seinen Sohn seinerzeit vergeblich beworben hatte – und Befürworter liefern sich hitzige Gefechte. Der Physiker und Philosoph Ernst Mach (1838–1916) beispielsweise ist mit seinen Zweifeln am absoluten Raum und der absoluten Zeit einerseits ein Vorläufer Einsteins, andererseits ist er ein entschiedener Gegner der Atomhypothese. Spricht in seiner Gegenwart jemand von Atomen, dann pflegt er spöttisch zu fragen: »Hab'n S' ein's g'sehn?« Einstein dagegen setzt die atomare Zusammensetzung der Materie als gesichert voraus und entwickelt daraus seine Theorie der Molekularkräfte.

In diesem Vorgehen zeigt sich ein Zug Einsteins, der ihn deutlich von anderen Forschern seiner Zeit unterscheidet. Der typische Physiker des ausgehenden 19. Jahrhunderts entwickelt seine Theorien mit dem Anspruch, die Strukturen der Welt zu erfassen und möglichst umfassend zu beschreiben. Er denkt in den Traditionen seiner Wissenschaft und betrachtet die physikalische Welt als die Baustelle eines gewaltigen Gebäudes, zu der er ein Stockwerk oder doch zumindest eine Verzierung hinzufügen möchte. Er will perfektionieren, die »Wahrheit« erkennen, neben dem Beruf eines Naturwissenschaftlers auch Philosoph sein und den »Fortschritt« in der Gesellschaft beflügeln.

Ganz anders Einstein: Er ist immer kritisch, nüchtern, auf der Suche nach möglichst einfachen Prinzipien. Nicht das Denken soll die Welt strukturieren, sondern die Dinge bestimmen sein Denken. So ist seine Vorliebe zu erklären, Hypothesen und Theorien aufzustellen, die in der Praxis durch Experimente beweisbar sind. Dass er aber nicht nur ein hervorragender Wissenschaftler ist, sondern die physikalische Welt und darüber hinaus auch das Verständnis der realen Welt revolutionär veränderte, ist unauflöslich mit der Theorie verbunden, die in der dritten dieser Arbeiten behandelt wird und die heute die »Spezielle Relativitätstheorie« genannt wird.

Unter dem Titel »Zur Elektrodynamik bewegter Körper« und auf 30 Druckseiten räumt Einstein zunächst, wie in seiner ersten Arbeit, mit dem Äther auf: »Die Einführung eines ›Lichtäthers‹ wird sich insofern als überflüssig erweisen.« Dann beschreibt er die Lichtgeschwindigkeit als die oberste Geschwindigkeit aller Vorgänge, bei denen Kraftübertragung stattfindet. Diese Geschwindigkeit kann niemals überschritten werden, ganz gleich, wie schnell sich die Lichtquelle bewegt. Es ist also egal, ob das Licht von einer Leuchte auf der ruhenden Erde oder von einem schnell im Weltraum reisenden Raumschiff ausgeht – es wird immer konstant die Geschwindigkeit von rund 300 000 Kilometern in der Sekunde haben.

Die Lichtgeschwindigkeit wird mit dem Buchstaben »c« bezeichnet; diese Bezeichnung stammt aus dem Lateinischen, wo Geschwindigkeit *celeritas* heißt. Lange Zeit nahmen die Forscher an, dass sich das Licht mit einer unendlichen Geschwindigkeit ausbreitet. Aber bereits Galileo Galilei (1564–1642), einer der Begründer der Naturwissenschaft, hatte die Idee, die Geschwindigkeit des Lichts zu messen. Alle Versuche scheiterten, denn wie sollte man messen, dass das Licht einer Lampe eine gewisse Zeit benötigt, ehe es von einem entfernten Beobachter wahrgenommen wird? Nehmen wir an, Galileos Mitarbeiter beobachteten ein derartiges Licht aus fünf Kilometern Entfernung: Dann haben sie es einen winzigen Augenblick später bereits wahrgenommen, nämlich nach 0,000 0166 Sekunden. Mit damaligen Uhren war der Nachweis nicht zu erbringen.

Erst dem dänischen Astronomen Ole Römer gelang 30 Jahre nach Galileo eine Messung mit einer ganz anderen »Versuchsanordnung«: Er nahm sich den Weltraum als Messeinrichtung. Bekannt und unerklärlich war zur damaligen Zeit, dass der Jupitermond Io manchmal etwas schneller und dann wieder langsamer um den Planeten zu kreisen schien, wie man dies mit Ferngläsern feststellen konnte. Römer fand die Erklärung, indem er nachwies, dass der Mond nach dem Austreten aus dem Schatten des Jupiter erst nach einer gewissen Zeit von der Erde aus zu sehen ist, nämlich erst dann, wenn das Licht die Erde erreicht. Und da war die Erklärung plötzlich ganz einfach: Wenn der Jupiter weit von der Erde entfernt ist, benötigt das Licht mehr Zeit, als wenn Jupiter und Erde sich nahe sind. Römers Werte waren noch nicht allzu präzise, aber spätere Messungen haben dann den exakten Wert für c mit 299 792, 458 Kilometern in der Sekunde ermittelt.

Nach der Feststellung, dass die Konstanz der Lichtgeschwindigkeit ein Naturgesetz ist, kann Einstein die zweite These in dieser Arbeit entwickeln – das von ihm zunächst »Relativitätsprinzip« genannte Phänomen.

Einstein verkündet: Es gibt keine absolute Bewegung. Damit greift er direkt Newton an, dessen Lehre einen absoluten, unbeweglichen Raum vorschreibt, in dem absolute, wahre Zeit verfließt. Newton sprach von einer absoluten Bewegung »als Übertragung des Körpers von einem absoluten Ort nach einem anderen absoluten Ort«[8]. Diese Auffassung hatten schon andere Forscher in Frage gestellt, ohne einen entscheidenden Durchbruch zu erzielen. Einstein setzt dem entgegen: Es gibt nur relative Bewegung. Das bedeutet auch, dass keine absolute Zeit und keine absolute Gleichzeitigkeit existieren kann. Das, was von einem Beobachter in einem Bezugssystem wahrgenommen wird, unterscheidet sich von dem, was ein anderer Beobachter in einem anderen Bezugssystem wahrnimmt.

Einstein erklärt dies anschaulich in seiner Arbeit mit dem Gedankenexperiment von Eisenbahnzügen: Wenn genau in der Mitte eines fahrenden Zuges ein Licht in beide Richtungen ausgesendet wird, also zur Zugspitze und zum Zugende, kann man mit Hilfe von Messeinrichtungen feststellen, dass der Lichtstrahl beide Ziele zur gleichen Zeit erreicht. Dagegen wird ein Beobachter auf dem Bahnsteig feststellen, dass bei gleicher

Versuchsanordnung das Licht an der Zugspitze erst etwas später ankommen wird als am Zugende; denn in der kurzen Zeit, die der Lichtstrahl für seinen Weg benötigt, hat sich ja der Zug um ein winziges Stück vorwärts bewegt, der Weg des Lichtstrahls ist also länger. Damit ergibt sich ein weit reichender Widerspruch: Das, was in dem Zug gleichzeitig geschieht, wird von einem außerhalb des Bezugssystems Befindlichen als nicht gleichzeitig wahrgenommen. Jedes System besitzt eine »Eigenzeit«.

Diese beiden Prinzipien – die Konstanz der Lichtgeschwindigkeit und das Relativitätsprinzip – klingen zunächst recht harmlos, sie haben aber weit reichende Konsequenzen. Einstein beschreibt einige davon in seiner berühmten Arbeit: Die Länge eines Stabs ist ebenfalls relativ; wenn sich der Stab bewegt, verkürzt er sich umso mehr, je schneller er sich bewegt. Wenn er 90 Prozent der Lichtgeschwindigkeit erreicht hat, wird er nur noch die Hälfte seiner ehemaligen Länge messen. Und Entsprechendes gilt für Uhren: Eine Uhr geht langsamer, je schneller sie bewegt wird. Es erfolgt eine Zeitdehnung, die mit dem Fachausdruck »Dilatation« bezeichnet wird.

Mit dieser Behauptung eröffnet Einstein die Möglichkeit von Zeitreisen in die Zukunft. Das mutet auf den ersten Blick reichlich paradox an und erregt sofort großes Aufsehen. Als »Zwillingsparadoxon« geht diese Konsequenz der Relativitätstheorie in die Wissenschaftsgeschichte ein: Von zwei Zwillingsbrüdern bleibt der eine auf der Erde, der andere fliegt in einer Rakete zu einem entfernten Stern und wieder zurück, und zwar mit beispielsweise 80 Prozent der Lichtgeschwindigkeit. Nach zehn Jahren Reise – von der Erde aus gemessen – kehrt der Reisende zurück und wird selbst nur sechs Jahre gealtert sein, da seine Uhr langsamer tickte. Er ist daher bei seiner Rückkehr vier Jahre jünger als sein Bruder.

Das hört sich alles etwas seltsam an, aber es ist genau das Universum unseres Lebens. Der russische Kosmonaut Sergej Awdejew verbrachte auf seinen Raumflügen 748 Tage im Weltall und bewegte sich mit 27 000 Stundenkilometern Geschwindigkeit um die Erde, das sind 0,00254 Prozent der Lichtgeschwindigkeit. Seine Uhr ging langsamer, wenn auch nur minimal. Man hat ausgerechnet, dass Awdejew nun eine fünfzigstel Sekunde jünger ist, als wenn er die Raumflüge nicht unternommen hätte.[9]

Inzwischen spielt auch in der Praxis dieser Effekt eine Rolle: Beim Navigationssystem GPS *(Global Positioning System)*, das in Autos, Flugzeugen oder Schiffen alltäglich verwendet wird, senden Satelliten Signale aus. Dabei bewegen sich die Satelliten so schnell, dass ihre Uhren – relativ zu den Uhren auf der ruhenden Erde – langsamer gehen; dies muss bei genauen Positionsbestimmungen nach den Gleichungen der Relativitätstheorie korrigiert werden.

Diesen Gedanken kann man nur sehr schwer folgen, weil in der alltäglichen Welt nicht einmal im Entferntesten solche Geschwindigkeiten auftreten. Ein Vergleich macht dies deutlich: Düsenflugzeuge erreichen etwa eine Geschwindigkeit von 1 Mach (das ist die Einheit der Schallgeschwindigkeit), manche, wie die frühere *Concorde,* auch 2 Mach. Aber was ist das im Verhältnis zur Lichtgeschwindigkeit, die immerhin 900 000 Mach entspricht?

Der Aufsatz zur Relativitätstheorie liest sich weniger wie eine wissenschaftliche Arbeit, sondern eher wie ein Patentantrag. Es gibt dort keine Zitate und keinen Bezug auf andere Wissenschaftler, sondern lediglich die Tatsachen in strenger Ableitung: Das ist neu und das folgt daraus. Einstein hatte sich offensichtlich im Patentamt bei der Bearbeitung von Patenten diesen Stil angewöhnt, der in krassem Gegensatz zu herkömmlicher wissenschaftlicher Arbeit steht. Und nicht einem der Großen widmet er diese Arbeit, sondern seinem Freund – auch dies höchst ungewöhnlich. Der letzte Satz lautet: »Zum Schlusse bemerke ich, daß mir beim Arbeiten an dem hier behandelten Problem mein Freund und Kollege M. Besso treu zur Seite stand und daß ich demselben manche wertvolle Anregung verdanke.«[10]

Bei einer amerikanischen Wissenschaftlerkonferenz im Jahre 1990 gab es eine medienträchtige Sensation, als ein Biograph von Mileva Marić nachzuweisen versuchte, dass ihr Verdienst an der Relativitätstheorie sehr groß oder sogar entscheidend gewesen sei. Einstein habe sich wie ein »normaler Mann« verhalten und sich die Arbeit seiner Frau angeeignet, so wie zum Beispiel Felix Mendelssohn mehrere Kompositionen seiner Schwester Fanny als die seinigen ausgegeben hat. Tatsächlich spricht Einstein einmal in einem Brief an Mileva von »unserer Theorie«, ohne allerdings genauer auszuführen, worauf sich diese Äußerung bezieht. Die meisten Forscher neigen jedoch zu der Ansicht, dass der Beitrag Milevas eher bescheiden war. Beider Sohn Hans Albert, der damals gerade erst zwei Jahre alt war und sich auch nur auf Erzählungen seiner Mutter stützen konnte, beschrieb später einmal die Geschichte so, wie sie sich vielleicht zugetragen hat: »Mileva half ihm bei der Lösung gewisser mathematischer Aufgaben, niemand jedoch konnte ihm bei der schöpferischen Arbeit, dem Hervorbringen neuer Ideen helfen . . . Mileva sah den Artikel wieder durch und brachte ihn dann zur Post. ›Es ist eine sehr schöne Arbeit‹, meinte sie zu ihrem Mann.«[11]

Jeder kennt die berühmte Formel Einsteins, wenn auch keiner sie so richtig versteht: $E = mc^2$, die bekannteste Formel aller Zeiten. Sie findet sich noch nicht in der bahnbrechenden Arbeit, denn Einstein scheint zunächst noch unsicher zu sein, ob die Beziehung zwischen Energie und Masse wirklich von ihm richtig eingeschätzt wird. Er schreibt an den Freund Conrad Habicht, dass eine Konsequenz der elektrodynamischen Arbeit darin bestehen könnte, dass die Masse direkt ein Maß für die in ihr enthaltene Energie sei: »Das Licht überträgt Masse ... Die Überlegung ist lustig und bestechend; aber ob der Herrgott nicht darüber lacht und mich an der Nase herumgeführt hat, das kann ich nicht wissen.«[12] Doch dann schickt er seiner Arbeit noch eine dreiseitige Ergänzung hinterher, die im September in den »Annalen« publiziert wird. Darin schreibt er lapidar: »Ändert sich die Energie ... [eines Körpers] so ändert sich die Masse in demselben Sinne ... wenn die Energie in Erg und die Masse in Grammen gewogen wird.«[13] Die abgeleitete Formel hat zwar noch eine etwas andere Form, aber an der Sache ändert sich nichts. Denn eine bislang unvorstellbare Tatsache hatte das Licht der Welt erblickt – nämlich dass Masse und Energie letztlich das Gleiche sind, sie sind äquivalent. Und was noch wichtiger ist: Masse lässt sich unter bestimmten Bedingungen in Energie verwandeln. Das hat Jahrzehnte später die Atomforschung eindrucksvoll bewiesen.

Einstein sagt auch, wie man diese Annahme beweisen könnte. Man müsste Radiumsalze, die im Laufe der Zeit zerfallen, einfach vorher und nachher wiegen. Sind sie nach einer bestimmten Zeit leichter geworden, haben sie Masse durch die Abgabe von Energie verloren. Dieser Hinweis auf das radioaktive Radium ist genau der richtige Weg. Die in Paris lehrende Chemikerin und Physikerin Marie Curie (1867–1934) hatte fünf Jahre zuvor gemeinsam mit ihrem Mann Pierre die Elemente Polonium und Radium entdeckt. Wegen der Eigenschaft dieser Stoffe, ohne äußere Beeinflussung ständig Energie in Form von Strahlen auszusenden, nennt man sie radioaktiv (wörtlich übersetzt: strahlungstätig). Allerdings ahnt auch Marie Curie nicht, dass die ausgesandten Strahlen abgegebene Energie sind und hier tatsächlich die von Einstein erkannte Umwandlung von Masse in Energie erfolgt.

Dass man dies nicht messen konnte, liegt daran, dass ein radioaktives Erz pro Sekunde viele Billionen Strahlen aussenden kann, aber selbst in Monaten und Jahren kein Masseverlust nachweisbar ist. Die Halbwertszeit für Radium, also die Zeit, in der die Hälfte des Elements zerfallen ist, beträgt nämlich 1580 Jahre. Dass diese Strahlen auch andere, gefährliche Eigenschaften haben, musste Marie Curie am eigenen Leibe erfahren: Ihr ständiges Hantieren mit radioaktiven Elementen führte dazu, dass sie an Leukämie erkrankte und daran als hoch geehrte zweifache Nobelpreisträgerin verstarb.

Was bedeutet nun die Aussage: Energie (E) ist gleich Masse (m) multipliziert mit dem Quadrat der Lichtgeschwindigkeit (c^2)? Sie gibt eine Vorstellung davon, welche Urgewalten von Energie in jedem Stück Materie stecken, sei es ein Stein, ein Metallbrocken oder ein Holzbrett. Denn multipliziert man eine Masse mit der unvorstellbaren Größe c^2, ergibt sich eine riesige Zahl, die für die kleine Erde und die Menschen auf ihr kaum noch vorstellbar ist. In der Einheit Kilometer pro Sekunde hat c^2 den Wert von 90 000 000 000, also 90 Milliarden. Man hat ausgerechnet, dass ein einziges Kilo Materie rund 25 Milliarden Kilowattstunden an Energie enthält. Um diese Energiemenge zu erzeugen, müsste ein Großkraftwerk wie zum Beispiel das Kernkraftwerk Neckar mit 1 365 Megawatt Leistung mehr als zwei Jahre lang mit voller Leistung laufen.

Und die Formel erklärt auch, warum es tief in unserer Erde so ungeheuer heiß ist, 5 000 °C und mehr ab einer Tiefe von mehreren tausend Kilometern. Das liegt daran, dass die Erde vor mehr als vier Milliarden Jahren aus einer Gas- und Staubwolke entstand und die Radioaktivität der Sonne große Mengen an Wärme erzeugte, sodass das Innere zu schmelzen begann. Aus der flüssigen Oberfläche stiegen heiße Gase auf und bildeten zusammen mit der verdampften Materie eingeschlagener Meteoriten die erste Atmosphäre der Erde, die im Wesentlichen aus Kohlendioxid, Wasserdampf und Stickstoff bestand. Große Wärmemengen wurden in den Raum abgestrahlt. Eine Folge dieser großen Hitze ist, dass Gestein zu Magma schmilzt, nach oben drückt und bei vulkanischen Ausbrüchen als Lava an die Erdoberfläche kommt. Besorgte Wissenschaftler rechnen gelegentlich aus, wie lange denn wohl die Sonne noch scheinen werde, ehe ihre Masse verbraucht sein wird. Zur Beruhigung lässt sich sagen, dass die Schätzungen bei einer noch zu erwartenden Lebensdauer von fünf bis zehn Milliarden Jahren liegen.

Auf das Jahr 1905, dem Jahr von Einsteins Aufsatz zur Relativitätstheorie, wird der Übergang von der klassischen Physik zu einem neuen Weltbild datiert. Es geht als *annus mirabilis* – als wunderbares Jahr – in die Geschichte ein. Das Wunderbare daran ist vor allem, dass diese Wende von einem einzigen Wissenschaftler bewirkt wird. Eine derartige Wirkung hat kein Physiker vor Einstein gehabt und hatte seitdem auch keiner mehr. Heute, im Zeitalter der *Big Science*, sind wissenschaftliche Arbeiten fast nur noch als Teamarbeit möglich; beispielsweise zeichnen für einen einzigen Aufsatz aus dem Europäischen Kernforschungszentrum CERN manchmal mehr als 100 Mitarbeiter als Autoren.

Das, was wir heute als Revolution in der Physik feiern, setzt sich zu Einsteins Zeiten allerdings nicht sofort durch. Einstein ist zwar felsenfest von der Richtigkeit seiner Theorie überzeugt, doch von den anderen wird sie zunächst einmal kritisch betrachtet oder nicht für voll genommen.

Wenn Einstein gehofft hat, dass seine Arbeit zur Relativitätstheorie wie ein Paukenschlag ein neues Zeitalter der Physik einläutet, so sieht er sich zunächst getäuscht. Gespannt wartet er auf Reaktionen, aber in den nächsten Ausgaben der »Annalen« findet sich keine einzige Erwähnung. Erst nach mehreren Monaten kommt ein Brief von Max Planck, der einige Erläuterungen wünscht. »Nach der langen Wartezeit«, schreibt Alberts Schwester Maja, »war dies das erste Zeichen, dass seine Arbeit überhaupt gelesen worden war.«[14] Die Freude des jungen Gelehrten ist umso größer, da seine Leistung von einem der größten Physiker anerkannt wird.

Max Planck ist zu dieser Zeit Professor an der Universität Berlin, Mitherausgeber der »Annalen« und für die moderne theoretische Physik von allerhöchster Bedeutung; 1901 begründet er die Quantentheorie und muss daher in einem Atemzug mit Einstein genannt werden. Die Quantentheorie beschreibt die Eigenschaften der Atome, und zwar insbesondere bei der Aufnahme oder Abgabe von Licht. Planck findet heraus, dass Lichtteilchen nicht gleichmäßig abgestrahlt werden, sondern in winzigen Paketen, den so genannten Quanten. Die von ihm entdeckte Konstante wird als »Plancksches Wirkungsquantum« bezeichnet. Allerdings ist Planck selbst nicht so ganz klar, was das von ihm entdeckte Phänomen eigentlich bedeutet. Erst Einstein kann, auf den Vorarbeiten Plancks aufbauend, die Beziehungen zwischen Energie und Atomen klären.

Planck hält gleich im Herbst 1905 einen Vortrag über Einsteins Arbeit in der Berliner Universität und wird damit zu einem wichtigen Werber für Einsteins Ideen. Er ist der erste Physiker, der die Relativitätstheorie versteht, anerkennt und in ihrer Bedeutung richtig einschätzt. Einstein meint später zu Plancks Rolle: »Der Entschiedenheit und Wärme, mit der er für diese Theorie eingetreten ist, ist wohl zum großen Teil die Beachtung zuzuschreiben, die diese Theorie so schnell bei den Fachgenossen gefunden hat.«[15]

Wenn die Verfechter der neuen Relativitätstheorie anfangs nur wenige sind, so sind es doch immerhin namhafte Forscher und Größen der Wissenschaft. Einstein dagegen ist noch immer ein kleiner Mitarbeiter des Patentamts ohne jeden wissenschaftlichen Titel. Also holt er so ganz nebenbei noch im Jahre 1905 seine Doktorarbeit nach. Er hat seine Meinung zu akademischen Ehren inzwischen geändert, denn ein Jahr zuvor hatte er noch in einem Brief an seinen Freund Michele Besso gemeint: »Den Doktor werde ich hingegen nicht machen, da mir das doch wenig hilft und die ganze Komödie mir langweilig geworden ist.«[16]

Er reicht an der Universität Zürich eine Arbeit ein zum Thema »Eine neue Bestimmung der Moleküldimensionen«. Da diese aber nur ganze 21 Seiten stark ist, wird ihm bedeutet, das sei viel zu kurz für eine ernsthafte Arbeit an einer berühmten Hochschule. Einstein ist inzwischen so selbstbewusst, dass er noch einen einzigen Satz ergänzt und die Arbeit erneut einreicht. Diesmal sind die Herren Professoren zufrieden und ab Januar 1906 darf er sich Dr. Albert Einstein nennen.

Im Privatleben der Einsteins hat sich nicht viel verändert. Die neugierigen Besucher wundern sich höchstens, dass Einstein acht Stunden im Büro verbringen muss, statt mit vollem Einsatz seinen Forschungen nachgehen zu können. Der Physiker Jakob Laub zum Beispiel trifft Einstein in der kalten Wohnung beim Heizen des Ofens an und empfindet dies als »Treppenwitz der Geschichte«[17]. Immerhin wird Einstein im Patentamt zum »Experten zweiter Klasse« befördert, was der Familie nun ein Jahresgehalt von 4 500 Franken einbringt. Mileva ist darüber überaus froh, denn kurz zuvor hatte sie noch einer Freundin geklagt, dass die »arme Börse« keine weiteren Belastungen mehr vertrage.

Der kleine Hans Albert, von ihr »Albertli« genannt, wird für ihr Leben immer wichtiger. Stolz berichtet sie: »Unser Junge ist ein so drolliges Kerlchen, daß wir oft das Lachen verbeißen müssen, um ernst bleiben zu können bei seinen spitzbübischen Einfällen.«[18] Der junge Vater sieht dagegen das Problem, Beruf, Wissenschaft und Familie unter einen Hut zu bringen. Jedenfalls beschreibt er sich als einen »ehrwürdigen eidgenössischen Tintenscheißer mit ordentlichem Gehalt«, der gern Geige spielt, aber »in den engen Grenzen, welche mir mein 2jähriger Bubi für derlei überflüssige Dinge gesteckt hat«[19].

Der spätere Nobelpreisträger Max von Laue ist neugierig auf den gleichaltrigen Kollegen und dessen Theorien und besucht Einstein in Bern. Er schildert sehr anschaulich seinen ersten Eindruck: »Der junge Mann, der mir entgegenkam, machte einen so unerwarteten Eindruck, daß ich nicht glaubte, er könne der Vater der Relativitätstheorie sein. So ließ ich ihn an mir vorübergehen, und erst als er aus dem Empfangszimmer zurückkam, machten wir Bekanntschaft miteinander.«[20] Einstein und Laue werden später gute Freunde und bleiben es ihr Leben lang.

Im Jahre 1907 ist es soweit, dass die Formel $E = mc^2$ zum ersten Mal in ihrer endgültigen Form zu Papier gebracht wird. Einstein wird aufgefordert, in dem renommierten »Jahrbuch für Radioaktivität und Elektronik« ein Übersichtsreferat zur Relativitätstheorie zu schreiben. Er gibt sich viel Mühe; ganz gegen seine Gewohnheit benötigt er zwei volle Monate intensiver Arbeit für den Aufsatz, der vor allem anschaulich werden soll. Aber es lohnt sich, denn die einprägsame Fassung sciner Formel wird nun zu seinem Markenzeichen.

Einstein hat sich endgültig einen Namen gemacht. Bis Ende 1907 hat er insgesamt 25 wissenschaftliche Arbeiten – meist in den »Annalen« – und weitere 22 Besprechungen von Arbeiten anderer Wissenschaftler veröffentlicht. Die ersten ernsthaften Reaktionen sind da, er wird in der Fachwelt beachtet. Einstein überlegt, nach seinem Doktortitel nun auch den eines Professors zu erlangen. Als Vorbedingung für eine Professur muss eine erneute Prüfung abgelegt werden, die Habilitation, wozu die Vorlage einer Habilitationsschrift und die Abhaltung einer Probevorlesung gehören. Einstein reicht jedoch an der kleinen Universität Bern nur ein Gesuch ein, legt Sonderdrucke seiner wissenschaftlichen Arbeiten bei und versucht so sein Glück. Aber natürlich scheitert er damit. Die Herren Professoren bestehen auf einer eigenständigen Habilitationsschrift und akzeptieren nicht seine bisherigen Arbeiten, so wertvoll sie auch sein mögen. Und der Fachvertreter der Physik gibt ihm seine Arbeit über die Relativitätstheorie zurück mit der treuherzigen Bemerkung, er verstehe sie nicht.[21]

Also wird zunächst einmal nichts aus der Professur. Mangels attraktiverer Möglichkeiten bewirbt sich Einstein für eine Lehrerstelle in Winterthur und erkundigt sich vorsichtshalber vorher bei seinem alten Freund und Studienkollegen Marcel Grossmann, ob er sich persönlich vorstellen solle oder besser nur schriftlich. Vielleicht mindere er ja seine Chancen durch seinen Eindruck – »kein Schweizerdeutsch, semitisches Aussehen«[22]. Denn inzwischen sind auch antisemitische Vorurteile an den Universitäten und Hochschulen in der Schweiz weit verbreitet; an manchen Hochschulen werden grundsätzlich keine jüdischen Gelehrten aufgenommen. Jedenfalls wird diese Bewerbung scheitern.

Doch bleibt Einstein nicht untätig. Eines schönen Tages im Herbst 1907 hat er einen Einfall, den er später den glücklichsten seines Lebens nennen wird: »Ich saß im Berner Patentamt in einem Sessel, als mir plötzlich der Gedanke kam: Wenn sich ein Mensch im freien Fall befindet, wird er seine eigene Schwere nicht empfinden können. Mir ging ein Licht auf. Dieser einfache Gedanke beeindruckte mich nachhaltig. Die Begeisterung, die ich da empfand, trieb mich dann zur Gravitationstheorie.«[23]

Einstein untersucht also die Zusammenhänge zwischen Schwerkraft und Gravitation. Damit kann er die »Spezielle Relativitätstheorie« erweitern, die nur für Systeme gilt, die sich gleichförmig bewegen, wo also die Beschleunigung durch Gravitation keine Rolle spielt. Acht Jahre intensiver Arbeit stehen ihm bevor, bis er seine Arbeit mit der »Allgemeinen Relativitätstheorie« krönen wird.

Die Krümmung von Raum und Zeit

Privatdozent und Professor in Prag und Zürich 1908–1913

Das Jahr 1908 beginnt Einstein mit einem erneuten Anlauf zu einer Professur. Diesmal wird sie an der Universität Zürich geprüft, nun auch mit einer speziellen Habilitationsschrift zur Doppeleigenschaft des Lichtes als Welle und Materie. Der genaue Titel der Arbeit ist nicht bekannt, denn weder Einstein noch die Universität Zürich befinden es für nötig, die Schrift aufzubewahren. Problemlos wird die Arbeit akzeptiert, die Probevorlesung verläuft gut, und so wird Einstein am 28. Februar 1908 die so genannte *venia legendi* erteilt, die Erlaubnis zum Abhalten von Vorlesungen und Lehrveranstaltungen. Damit trägt er einen wissenschaftlichen Titel – noch nicht den des Professors, aber die Vorstufe dazu, nämlich den eines Privatdozenten. Allerdings ist mit diesem Titel keinerlei Anstellung oder Einkommen verbunden; die Arbeit auf dem Patentamt bleibt unverändert die einzige Einkommensquelle.

Bei seiner ersten Vorlesung im Sommersemester erscheinen drei Zuhörer – und das sind seine beiden Freunde Besso und Chavan sowie ein Mitarbeiter aus dem Patentamt. Manchmal kommt auch seine Schwester Maja, die in Bern romanische Sprachen studiert und gerade an ihrer Doktorarbeit schreibt. Als sie einmal den Universitätsdiener nach dem Hörsaal Einsteins fragt, antwortet dieser: »Der Schlämpi ist Euer Bruder? Das hätt' i aber o nie tänkt!«[1] Der geringe Zuspruch von Studenten liegt vielleicht auch daran, dass Einstein wegen seiner beruflichen Pflichten die Lehrveranstaltung zu einer ungewöhnlichen Zeit – nämlich morgens zwischen sieben und acht Uhr – abhält. Bei so wenigen Hörern kann Einstein auch einmal eine Vorlesung in buchstäblich ungewöhnlicher Lage anbieten: »Lieber Herr Chavan! Ich liege im Bett wegen starker Erkältung. Aber Sie können heute Abend doch kommen, ich werde dann liegend mit Ihnen lesen.«[2]

Der Hirzel-Verlag in Leipzig bittet Einstein um die Abfassung eines Buches über die »Fortschritte der Atomistik in Physik und Chemie«, und zwar soll dieses »recht leichtfüßig, um nicht zu sagen populär geschrieben«[3] sein. Einstein lehnt ab – wie auch schon in anderen Fällen – und gibt dabei einen Einblick in seinen Alltag: »Leider ist es mir ganz unmöglich, jenes Buch zu verfassen, weil es mir unmöglich ist, die Zeit dazu zu finden. Jeden Tag 8 Stunden anstrengende Arbeit auf dem Patentamt, dazu viele Korrespondenzen und Studien – Sie kennen ja das aus eigener Erfahrung. Mehrere Arbeiten sind unvollendet, weil ich die Zeit für deren Abfassung nicht finden kann.«[4] Bei nur zwei Wochen Urlaub im Jahr kann Einstein auch nicht auf

Tagungen und Kongresse fahren. Er kennt die wenigsten seiner Physikerkollegen persönlich, wechselt aber mit vielen sehr lange und ausführliche Briefe.

Trotz all dieser Arbeit findet sich doch noch etwas Zeit für Ablenkung. Während Mileva mit Sohn Hans Albert zu Besuch bei ihren Eltern in der Vojvodina ist, schreibt er: »Ich warte sehnlich auf Eure Rückkehr. Ich habe zwei Bücher bestellt – O. E. Meyers kinetische Theorie der Gase und – Meisterwerke des Humors, eine Sammlung von den besten Klassikern auf diesem Gebiet . . . Die Wohnung ist schon sehr dreckig – ich muss Dich drauf vorbereiten.«[5]

Die Ehe ist in dieser Zeit offenbar glücklich. Die Familie fährt im Sommer in die Berge, wandert in der Gebirgslandschaft um die Jungfrau und schreibt den Freunden und Verwandten fröhliche Ansichtskarten.

Im Herbst des Jahres kommt die Anerkennung der Ideen Einsteins einen guten Schritt weiter. Auf der Tagung der Deutschen Naturforscher hält Hermann Minkowski – Einsteins alter Mathematiklehrer am Polytechnikum Zürich – einen viel beachteten Vortrag zur Relativitätstheorie. Minkowski ist inzwischen Professor in Göttingen und hat sich zu einem glühenden Bewunderer seines früheren Schülers Einstein entwickelt. Minkowskis Verdienst besteht darin, dass er die Relativitätstheorie in eine mathematisch überzeugende Lösung bringt; er definiert die vierdimensionale »Raum-Zeit-Welt«:

Ein Ort in der herkömmlichen Geometrie lässt sich durch die drei Koordinaten x, y und z ausdrücken. Nun wird als vierte Koordinate die Zeit t eingeführt. Allerdings hat Minkowski möglicherweise mit seinen pathetischen Worten auch den Mythos der Vierdimensionalität begründet. Er beginnt seinen Vortrag mit: »Von Stund an sollen Raum für sich und Zeit für sich völlig zu Schatten herabsinken und nur noch eine Art Union der beiden soll Selbständigkeit bewahren.«[6] Und dann ist die Rede von »Weltpunkten«, »Weltlinien« und »Zeit als imaginärer Größe« – all dies hat wesentlich dazu beigetragen, dass die Relativitätstheorie mit einer Aura der Unverständlichkeit umgeben ist.

Einstein selbst erkennt zwar Minkowskis Leistung an, macht sich später ein wenig lustig über diese – wie er meint – überflüssige »Gelehrsamkeit«. Er schreibt: »Ein mystischer Schauer ergreift den Nichtmathematiker, wenn er von ›vierdimensional‹ hört, ein Gefühl, das dem vom Theatergespenst nicht unähnlich ist. Und doch ist keine Aussage banaler als die, daß unsere gewohnte Welt ein vierdimensionales zeiträumliches Kontinuum ist.«[7]

Immerhin ist Einstein nun so bekannt, dass sich die Universitäten für ihn interessieren. Im Februar 1909 beginnen ernsthafte Verhandlungen für eine Professorenstelle an der Universität Zürich. In der Physikalischen Gesellschaft muss er einen Vortrag halten, bei dem die entscheidenden Herren Professoren zuhören.

Einstein hat so etwas wie Lampenfieber und schreibt dazu: »Dabei hatte ich Glück. Ganz gegen meine sonstige Gewohnheit trug ich damals gut vor.«[8]

Obwohl er als fachlich geeignet akzeptiert wird, ist noch eine weitere Hürde zu nehmen: der Antisemitismus. Die Professoren der Zürcher Universität geben zu bedenken, dass den Israeliten unter den Gelehrten »allerlei unangenehme Charaktereigentümlichkeiten, wie Zudringlichkeit, Unverschämtheit, Krämerhaftigkeit ... nachgeredet« werden. Aber sie kommen dann zu dem Schluss, sie hielten es nicht »mit ihrer Würde vereinbar, den Antisemitismus als Prinzip auf ihre Fahne zu schreiben«[9].

Einstein hat nun einen wichtigen Schritt geschafft: Am 7. Mai 1909 wird er als inzwischen 30-Jähriger zum außerordentlichen Professor berufen, Arbeitsbeginn allerdings erst am 15. Oktober. Seine Berufung zum Professor kommentiert er reichlich derb: »Nun bin ich also auch ein offizieller von der Gilde der Huren.«[10]

Er kündigt fristgemäß seine Stellung im Patentamt zum Oktober und freut sich auf sein neues Leben. Als frisch gebackener Professor wird er als Ehrengast der Deutschen Physikalischen Gesellschaft zur Naturforschertagung in Salzburg eingeladen und hält am 21. September 1909 einen Vortrag zum »Wesen der Strahlung«. Das ist überhaupt die erste wissenschaftliche Versammlung, die er besucht. Und sie lohnt sich:

nicht nur weil er das Geburtshaus seines Lieblingskomponisten Mozart besuchen kann, sondern weil er während der Tagung endlich die Möglichkeit hat, persönliche Kontakte zu berühmten Wissenschaftlern zu knüpfen: Max Planck, Wilhelm Wien, Arnold Sommerfeld, Max Born und viele andere sind neugierig auf den jungen Mann und begrüßen ihn als vollwertigen Kollegen. Dieser Vortrag gelingt Einstein besonders gut. In seinen Ausführungen vor den vielen Gelehrten aus ganz Europa beschreibt er die Eigenschaften des Lichtes als Welle und Teilchen. Seine wissenschaftliche Leistung erhält hier höchste Anerkennung, er selbst wird gewissermaßen »geadelt«. Lise Meitner wird sich noch 50 Jahre später an dieses große Ereignis der Physik erinnern.[11]

Mitte Oktober trifft die Familie Einstein in Zürich ein und mietet sich eine Wohnung. Sie wohnt nun in einem Mietshaus des vornehmen Viertels am Zürichberg, nur wenige Minuten von Polytechnikum und Universität entfernt. Zürich ist der geistige und kulturelle Mittelpunkt der deutschsprachigen Schweiz und bietet mit den engen Gassen der Altstadt und dem wunderschön gelegenen Zürichsee ein attraktives Heim für die Familie.

Einstein hat eine Lehrverpflichtung von sechs bis acht Vorlesungsstunden pro Woche. Er bietet Lehrveranstaltungen über Mechanik und Thermodynamik an, und diesmal sind es immerhin zwölf bis 20 Studenten, die sich für seine Themen interessieren. Sein Gehalt beträgt 4 500 Franken pro Jahr, das ist exakt das, was er auch auf dem Patentamt bekam; insofern hat sich die berufliche Karriere noch nicht »gelohnt«.

Immerhin denkt er in diesem Jahr wenigstens an ein Weihnachtsgeschenk für Mileva. Eine Woche vor Weihnachten schreibt er seinem Freund Conrad Habicht: »Ich bitte Sie sehr mir rasch den Titel des Notenheftes mit den alten Tänzen mitzuteilen und auch den Verlag, aber an die Universitätsadresse, weil ich das Heft zu Weihnachten meiner Frau geben will.«[12]

Mileva hat sich über das Geschenk möglicherweise gefreut, aber sie leidet doch zunehmend unter der Berühmtheit ihres Mannes. Sie fühlt sich mehr und mehr allein und beklagt sich in einem Brief an eine Freundin: »Bei soviel Berühmtheit bleibt nicht viel Zeit für seine Frau. Ich spürte eine gewisse Gehässigkeit zwischen den Zeilen, als Du schriebst, ich wäre wohl eifersüchtig auf die Wissenschaft; aber was kann man machen, der eine bekommt die Perlen, der andere die Schachtel . . . Siehst Du, ich bin sehr hungrig nach Liebe und würde vor Freude, ein Ja zu hören, so außer mir sein, daß ich fast glaube, die böse Wissenschaft ist schuld.«[13]

Kurios ist, dass Einstein noch vor Antritt seiner Professorenstelle ein Ehrendoktortitel verliehen wird. Es ist der erste, noch etwa 25 weitere werden in seinem Leben folgen. Allerdings verdankt er diese Auszeichnung wohl weniger seinen wissenschaftlichen Meriten, sondern mehr einem Zufall. Die ehrwürdige Universität Genf feiert den 350. Jahrestag ihrer Gründung durch den Reformator Johann Calvin und ernennt in einem Massenakt nicht weniger als 110 Wissenschaftler, Dichter und sonstige Persönlichkeiten zu Ehrendoktoren. Einstein hatte die Einladung wohl nicht richtig gelesen und nimmt mit Strohhut und im einfachen Anzug an der Zeremonie teil, umgeben von respektablen Berühmtheiten in Frack und Talar.

Einstein erinnert sich später so: »Das Fest endete mit dem opulentesten Festessen, dem ich in meinem ganzen Leben beigewohnt habe. Da sagte ich zu einem Genfer Patrizier, der neben mir saß: ›Wissen Sie, was Calvin gemacht hätte, wenn er noch da wäre?‹ Als er verneinte und mich um die Meinung fragte, sagte ich: ›Er würde einen großen Scheiterhaufen errichtet und uns alle wegen sündhafter Schlemmerei verbrannt haben.‹ Der Mann sprach kein Wort mehr.«[14]

Zu Beginn des Jahres 1910 verhandelt Einstein mit anderen Universitäten über eine Berufung. An seine Mutter schreibt er, dass er eine ordentliche Professur in Aussicht habe »mit bedeutend besserem Gehalt« an einer großen Universität, aber er gibt sich noch geheimnisvoll: »Wo es ist, das darf ich noch nicht sagen.«[15] Trotzdem sickert sein möglicher Weggang aus Zürich an die Öffentlichkeit, und 15 Studenten richten daher eine Bittschrift an die »hohe Erziehungsdirektion«, um ihren Professor zum Bleiben zu bewegen. Sie schreiben: »Herr Prof. Einstein versteht es in bewunderungswürdiger Weise, die schwierigsten Probleme der theoretischen Physik so klar und verständlich darzustellen, daß es für uns ein großer Genuss ist, seinen Vorlesungen zu folgen; und er versteht dabei in so vollkommener Weise mit den Hörern in Kontakt zu kommen, daß wir überzeugt sind, daß eine solche Lehrtätigkeit unserer Universität zu grossem Vorteil gereichen dürfte.«[16]

Am 28. Juli 1910 wird der zweite Sohn Eduard geboren, der den Spitznamen »Tete« erhält. Mileva, die schon von ihrem ersten Sohn gesagt hatte, dass »wir untrennbar sind und sehr aneinander hängen«, hat für ihre Zuneigung jetzt einen weiteren Bezugspunkt. Der Vater scheint da etwas nüchterner zu sein, wie sich der ältere Sohn später erinnert: »Ich glaube nicht, daß er besonderes Interesse an meinem Bruder oder mir zeigte, als wir Säuglinge waren. Aber nach Aussage meiner Mutter war er ein guter Babysitter. Wenn sie im Haus zu tun hatte, legte mein Vater seine Arbeit zur Seite und paßte stundenlang auf uns auf und ließ uns auf seinen Knien reiten. Ich erinnere mich, daß er uns Geschichten erzählte – und er spielte oft auf der Geige, um uns ruhig zu halten.«[17]

Am 1. Oktober 1910 gibt es überraschenderweise eine Aufbesserung der schmalen Haushaltskasse, die auch Mileva gefreut haben dürfte: Einstein erhält einen ungewöhnlichen, aber umso erfreulicheren Brief von dem Chemiker Emil Fischer, in dem der berühmte Nobelpreisträger Einstein die runde Summe von 15 000 Mark anbietet, »ohne die geringsten Verpflichtungen«. Das Geld stammt von einem Gönner – nämlich von Franz Oppenheim, dem Direktor der AGFA. Fischer berichtet, dass dieser Industrielle deutschen Forschern wie Planck, Nernst und Einstein behilflich sein wolle, da es »Pflicht der wohlhabenden Leute in Deutschland sei, diese glänzenden Arbeiten durch materielle Unterstützung ein wenig zu fördern«[18]. Einstein nimmt dankend an und hat nun endlich auch finanziell ausgesorgt, denn diese Summe entspricht in der damaligen Zeit fast drei seiner Jahresgehälter.

Inzwischen gehen die Verhandlungen für eine Professur – und zwar in Prag – weiter mit dem Versprechen, dass Einstein ein »besonderes Institut« erhalten solle. Am 13. Januar 1911 kommt der lang ersehnte Brief aus Wien. Der Minister für Kultus und Unterricht schreibt: »Seine kaiserliche und königlich-apostolische Majestät haben mit Allerhöchster Entschließung vom 6. Jänner 1911 Sie zum ordentlichen Professor der theoretischen Physik an der deutschen Universität in Prag mit den systemmäßigen Bezügen und zwar mit der

Rechtswirksamkeit vom 1. April 1911 allergnädigst zu ernennen geruht.«[19] Und er fährt im gleichen Brief fort: »Schließlich bemerke ich, daß mit Ihrer Ernennung die Erlangung der österreichischen Staatsbürgerschaft verbunden ist; Eure Hochwohlgeboren wollen daher Schritte einleiten, um die Entlassung aus Ihrem bisherigen Staatsverbande zu erwirken.« Dies wird Einstein allerdings nicht tun; er behält seine schweizerische Staatsangehörigkeit und nimmt die österreichische als zweite Staatsbürgerschaft an. So wird er es auch später handhaben bei seinem mehrmaligen Staatswechsel: Auf seinen Schweizer Reisepass legt er sein Leben lang Wert.

Eine andere Angelegenheit muss noch geregelt werden, die Religionszugehörigkeit. Als Einstein in seinem Personalbogen unter Religion »keine« schreibt, muss er erfahren, dass Kaiser Franz Joseph keine Konfessionslosen zu Professoren ernennen wolle. Nach Rückfragen ändert die Behörde schließlich den Eintrag in »mosaisch« um.

Nun ist er also endlich »ordentlicher« Professor. Mit seinen 32 Jahren ist das ein schöner Erfolg, aber warum ausgerechnet in Prag? Man hat viel darüber gerätselt, aus welchen Gründen Einstein diesen Schritt getan hat. Die Universität in Prag war zwar bereits 1348 als erste Hochschule des Deutschen Reiches gegründet worden, aber im 19. Jahrhundert in heftige Turbulenzen geraten. Zwischen der deutsch sprechenden Minderheit, die sich als »Herrenschicht« fühlte, und der tschechisch sprechenden Mehrheit kam es immer wieder zu Auseinandersetzungen. Die Tschechen setzten sich gegen die Vorherrschaft der österreichisch-ungarischen »Herren« zur Wehr und bestanden auf ihrer eigenen Kultur. 1882 verfügte dann der Kaiser in Wien eine Teilung der Prager Universität in eine deutsche und eine tschechische Universität. Die gegenseitige Haltung bleibt jedoch abweisend bis feindselig. Zudem hat die deutsche Universität in Prag keinen besonderen Bezug zur theoretischen Physik. Vielleicht war das gute Gehalt der Grund, jedenfalls sagt Einstein zu.

Pünktlich am 1. April trifft die Familie Einstein in Prag ein und bezieht eine Wohnung am linken Moldauufer, nicht weit von Alberts Arbeitsplatz entfernt. Die geräumige Wohnung in der heutigen Lesnická ulice 7 befindet sich in einem neu erbauten Mietshaus und bietet Platz für das Dienstmädchen Fanni und zeitweilig auch für Milevas Mutter.

Einsteins erster Eindruck von Prag ist nicht gerade der beste. Etwas arrogant beschreibt er seine neue Heimat so: »Prag ist eine schöne Stadt zum Ansehen. Die Leute sind je nach ihrem Schicksal hochmütig, schäbig-gentil, unterwürfig. Sie sind Meister im Kochen. Eine gewisse Grazie ist vielen von ihnen eigen. Häuser und Gegenstände etwas schmutzig und verlottert. Die Animosität zwischen Deutschen und Tschechen scheint bedeutend. Beispiel. Ich frage unseren Institutsdiener, wo man wollene Decken erhält. Mein Vorgänger ... erfährt, daß er uns ein Geschäft empfohlen hat, dessen Inhaber ein Tscheche ist. Sofort schickt er sein Dienstmädchen zu mir, mich zu bitten, die Decken in einem ›deutschen‹ Geschäft zu kaufen.«[20]

In dieser angespannten Atmosphäre wird Einstein nicht glücklich. Ganz gegen seinen sonstigen Frohsinn mäkelt er an allem herum: Die Menschen sind ihm fremd; seine Studenten findet er langweilig; die Bürokratie raubt ihm den Nerv; wenn er seinen Talar mit breiten goldenen Bändern bei offiziellen Anlässen tragen muss, kommt er sich vor wie ein brasilianischer Admiral.

Vor allem aber trifft es Mileva, die als Serbin unter dem Rassendünkel der deutsch sprechenden Kollegen ihres Mannes zu leiden hat und gesellschaftlich geschnitten wird. Die Sehnsucht nach dem liberalen Zürich, wo sie sich so wohl gefühlt hat, wächst. Und gleichzeitig scheint sich Einstein von seiner Frau immer mehr zurückzuziehen. Jedenfalls berichtet später ein Verwandter: »Er saß gern mit seinen Kollegen unter den Bäumen in den Gärten der Cafés an der Moldau, um dort ›Milchkaffee‹ und Bier zu trinken. Auch Mileva war Mathematikerin. Sie hätte gern an diesen Gesprächen teilgenommen, aber sie mußte bei ihren Kindern daheim bleiben, und sie wurde jeden Tag stiller und unzufriedener ... Milevas heftigem

Temperament gefiel es gar nicht, daß sie niemals voll von Einstein ins Vertrauen gezogen wurde, wenn es um die Arbeit an seinen Problemen ging.«[21]

Unter der deutsch sprechenden Bevölkerung in Prag leben zahlreiche Menschen jüdischen Glaubens. Viele von ihnen sind berühmte Schriftsteller – oder sollten es später einmal werden: Franz Werfel, Max Brod, Franz Kafka und der »rasende Reporter« Egon Erwin Kisch. Man trifft sich zur Lesung von philosophischen Werken, spielt Hausmusik und diskutiert. In einer dieser Gruppen trifft Einstein Max Brod und Franz Kafka, den unglücklichen, von Schuldgefühlen und dem Gefühl der Sinnlosigkeit geprägten Schriftsteller. Max Brod, der spätere Nachlassbetreuer Kafkas, schreibt gerade an seinem Roman »Tycho Brahes Weg zu Gott«; darin geht es um die Lebensgeschichte der beiden Astronomen Brahe und Kepler, die 300 Jahre zuvor in Prag erkannt hatten, dass die Umlaufbahnen der Planeten ellipsenförmig und nicht kreisförmig sind, wie man davor angenommen hatte.

Brod zeichnet in dem Roman die Figur Kepler in Teilen nach dem Vorbild Einsteins. Er beschreibt Kepler als einen Mann, der nur seiner Wissenschaft lebt und außerordentlich gefühllos ist: »Jenes Volksmärchen fiel ihm ein, in dem ein Landsknecht dem Teufel sein Herz verkauft und dafür einen schußfesten Panzer erhält. So war Kepler. Er hatte kein Herz. Und deshalb eben hatte er von der Welt nichts zu fürchten. Er hatte kein

Gefühl, keine Liebe. Und deshalb war er natürlich auch vor den Verirrungen des Gefühls sicher.«[22] Einstein stand also nicht nur unzähligen Fotografen und Malern Modell, sondern auch einem Schriftsteller. Dass Brod damit tatsächlich Einsteins Charakter in bestimmten Zügen getroffen hat, bestätigt Einstein später nach der Lektüre mit einer gewissen Anerkennung: »Es ist interessant geschrieben von einem Mann, der die Klippen der menschlichen Seele kennt.«[23]

Der Zionismus hat in Prag viele Anhänger; einige Jahre zuvor hatte Theodor Herzl (1860–1904), der Begründer des Zionismus und damit der Idee eines eigenen jüdischen Staates, einen Kongress in Basel einberufen und den Grundsatz formuliert: »Der Zionismus erstrebt für das jüdische Volk die Schaffung einer öffentlich-rechtlich gesicherten Heimstätte in Palästina.« Es gab auch bereits einige jüdische landwirtschaftliche Siedlungen in Palästina, aber in größerem Stil setzt die Einwanderung erst nach dem Ersten Weltkrieg ein. Allerdings berührt diese Bewegung Einstein zu diesem Zeitpunkt kaum. Er steht den Zionisten desinteressiert gegenüber und meint, es handele sich um »eine mittelalterlich kleine Schar weltfremder Menschen«.

Am 9. Juni 1911 erreicht Einstein eine Einladung des steinreichen belgischen Industriellen Ernest Solvay, der auf Vorschlag des Berliner Physikers Walther Nernst zu einem »Gipfeltreffen« der theoretischen Physiker von Rang nach Brüssel ruft. Solvay ist zwar hauptberuflich Besitzer vieler Fabriken für Soda-Produktion, aber sein Hobby ist die Physik. Es werden 18 hochkarätige Physiker eingeladen, denen man großzügige Reisespesen sowie ein Honorar von 1 000 belgischen Franc in Aussicht stellt. Erfreut sagt Einstein zu, ganz gegen seine sonstige Scheu vor Öffentlichkeit. Ende Oktober soll der internationale Solvay-Kongress in Brüssel beginnen.

Als Einstein vor dem Besuch in Brüssel zu einer Tagung nach Karlsruhe reist, einen Verwandtenbesuch in Heilbronn macht und anschließend eine Vorlesung in Zürich hält, schreibt Mileva ihm leicht vorwurfsvoll: »Das muss sicher sehr interessant gewesen sein in Karlsruhe; ich hätte gar zu gerne auch ein wenig zugehört, und alle diese feinen Leute gesehen ... Es ist jetzt schon eine Ewigkeit dass wir uns nicht gesehen, ob Du mich wohl noch erkennen wirst?«[24] Mileva fühlt sich also einsam und abgeschoben.

In Brüssel hält Einstein mit zwölf anderen Teilnehmern des Kongresses einen Vortrag und erlebt mit einer gewissen Genugtuung, dass die Wissenschaftler seine Theorien intensiv diskutieren. Auf diesem Treffen der Physik-Elite findet Einstein die ersehnte Anerkennung und wird in einem Atemzug mit den anderen Größen der Wissenschaft genannt.

Es bietet sich die Möglichkeit, persönliche Kontakte zu den von ihm verehrten Physikerinnen und Physikern zu knüpfen. Marie Curie, Henri Poincaré, Paul Ehrenfest, Paul Langevin, Max Planck, Walther Nernst, Ernest Rutherford, Hendrik Antoon Lorentz sind seine Gesprächspartner. Nicht mit allen wird er warm, aber einige – insbesondere Lorentz und Ehrenfest – werden zu lebenslangen Freunden.

Resonanz findet dieser Kongress in der Öffentlichkeit allerdings vor allem durch eine Romanze ungewöhnlicher Art. Die 44-jährige – seit kurzem verwitwete – Nobelpreisträgerin Marie Curie hatte sich in den drei Jahre jüngeren französischen Physikprofessor Paul Langevin verliebt und war mit ihm gemeinsam zum Kongress nach Brüssel angereist. Die Presse hatte ein dankbares Thema und schlachtete es ergiebig aus: Marie Curie wolle eine Familie unglücklich machen und Madame Langevin und die vier Kinder ins Elend stürzen. Einstein kommentiert die Angelegenheit sachlich und nüchtern: »Daß Langevin sich scheiden lassen will, ist schon länger bekannt. Wenn er Frau Curie liebt und sie ihn, dann brauchen sie nicht durchzugehen, weil sie in Paris Gelegenheit genug haben, einander zu treffen.«[25]

Einstein beschäftigt sich jetzt wissenschaftlich vor allem mit der Frage der Gravitation. Anfang 1912 hat er die Idee, dass – falls seine Relativitätstheorie richtig ist – Lichtstrahlen von der Schwerkraft der Sonne abgelenkt, »gekrümmt«, werden müssten, wenn sie nur nahe genug an der Sonne vorbeigehen. Aber wie soll man das sehen und messen? Gewöhnlich ist die Sonne so hell, dass man die Sterne in ihrer Nähe nicht beobachten kann. Er schreibt an den Astronomen Erwin Freundlich, der an der Sternwarte in Babelsberg bei Berlin arbeitet und den er bei der Solvay-Konferenz kennen gelernt hat: »Wenn Ihnen Tagesbeobachtungen an sonnennahen Fixsternen wirklich gelingen würden, dann würde man wohl bald sicheres erfahren.«[26] Kurze Zeit später ist auch klar, wie man dieses Problem lösen kann und wird: Man muss auf eine Sonnenfinsternis warten und dann die Fixsterne und deren Position beobachten. Ist ihre Position ein wenig anders als bei Nacht, dann sind die von ihnen ausgehenden Lichtstrahlen gebogen. Dieses »Experiment« wird aber erst sieben Jahre später bei der Sonnenfinsternis des Jahres 1919 gelingen.

Nach seinem Auftritt in Brüssel ist Einstein in Fachkreisen so berühmt und begehrt, dass sich die Universitäten um ihn reißen. Es gibt Angebote aus Wien, Utrecht, Berlin und sogar der Columbia-Universität New York. Einstein lehnt alle Angebote ab, da er unbedingt zurück nach Zürich will. Utrechts Angebot abzulehnen fällt ihm sehr schwer. Er schreibt dem von ihm hoch verehrten und 25 Jahre älteren Hendrik A. Lorentz, dass er sich fühle, als habe er »seinem Vater eine Art Unrecht zugefügt«.

Im Januar 1912 – nicht einmal zwei Semester in Prag sind vergangen – ist Einstein die Berufung an die ETH, die Eidgenössische Technische Hochschule, in Zürich sicher. Ein Ende der belastenden Zeit in Prag ohne wissenschaftliche Herausforderungen ist abzusehen. Auch Mileva freut sich, dass sie wieder zurückkann in ihre geliebte Schweiz.

Vor dem gemeinsamen Umzug begibt sich Einstein noch einmal auf Reisen – und zwar zum ersten Mal nach Berlin, wo er einige seiner neuen Freunde von der Solvay-Konferenz besucht. Berlin ist so etwas wie das Mekka der theoretischen Physik, und die Berliner Wissenschaftler wie Walther Nernst, Max Planck oder auch Fritz Haber genießen Weltruf. Die Kaiser-Wilhelm-Gesellschaft ist erst vor kurzem als naturwissenschaftliche Forschungseinrichtung in Berlin-Dahlem gegründet worden, viele neue Institute schießen aus dem Boden, die ausschließlich für die Forschung arbeiten. Natürlich ist man auch in Berlin daran interessiert, einen so wichtigen Mann wie Einstein zu gewinnen, und man versucht, ihm Berlin und Deutschland schmackhaft zu machen. Getroffen hat sich Einstein hier auch mit Erwin Freundlich, dem Astronomen, der die Schwereablenkung der Sonnenstrahlen nachweisen will.

Während seines Aufenthalts in Berlin verbringt er viel Zeit in Berlin-Schöneberg im Bayerischen Viertel, wo Tante Fanny, die Schwester seiner Mutter, und der reiche Onkel Rudolf wohnen, der damals die Unternehmungen der Einsteins in München finanziert hatte. Einsteins Mutter hatte nach dem Tod ihres Mannes ebenfalls hier gelebt, ist aber zum Zeitpunkt von Alberts Besuch bereits wieder in Württemberg, wo sie eine Stelle als Haushälterin angenommen hat. In Berlin trifft Einstein seine Cousine Elsa wieder, die geschieden ist und mit ihren zwei kleinen Töchtern eine Etage über ihrer Mutter lebt. Elsa und Albert kennen sich noch aus ihrer Kinderzeit in München. Sie machen einen Ausflug an den Wannsee und verstehen sich ausgezeichnet.

Zurück in Prag, schreibt er an Elsa einen Brief, der tief blicken lässt. Er ist wieder einmal richtig verliebt: »Ich habe Dich in diesen wenigen Tagen so lieb gewonnen, dass ich Dirs kaum sagen kann ... Es ist jammerschade, dass wir nicht in derselben Stadt wohnen.« Er erzählt ihr die Misere mit seiner Frau und seiner Mutter, die sich immer noch spinnefeind sind, und dass ihm das alles »recht wenig sympathisch« sei. Und wird dann deutlich: »Jemand lieb haben muss ich aber, sonst ist es jämmerlich zu existieren. Und dieser jemand bist Du; Du kannst ja nichts dagegen machen, ich frage Dich nicht um Erlaubnis.« Zu seiner Frau Mileva fällt ihm nur ein, dass er zwar nicht »unter dem Pantoffel« stehe, aber »aus Mitleid gegen sie« manchmal eben diesen Eindruck mache. Er schließt den Brief mit: »Sei geküsst von Deinem Albert«[27].

Elsa lässt sich nicht so leicht mit romantischen Briefen abspeisen und will wohl mehr als eine lockere Beziehung. Einige Zeit später antwortet er ihr etwas selbstmitleidig auf ein offenbar drängendes Schreiben: »Dein Brief macht mich sehr traurig. Wir sind beide arme Teufel, jeder angekettet an seine unerbittlichen Pflichten ... Ich leide sehr darunter, dass es mir versagt ist, wirklich zu lieben ... Ich leide noch mehr wie Du, weil Du nur unter dem leidest, was Du nicht hast.«[28]

Damit beginnt ein zweijähriger Briefwechsel der beiden, mit viel Auf und Ab, mit Treueschwüren, aber auch mit Resignation und der zwischenzeitlichen Absicht, Schluss zu machen. Einmal schreibt Einstein: »Ich schreibe Dir zum letztenmal und begebe mich in das Unvermeidliche zurück«, womit er seine inzwischen unerfreuliche Ehe mit Mileva meint.

Elsa ist 1876 ebenfalls in der schwäbischen Heimat der Einsteins geboren und damit rund drei Jahre älter als Albert. Sie heiratet jung den Textilkaufmann Max Löwenthal, mit dem sie zwei Töchter hat, Ilse und Margot. Die Ehe scheitert und wird 1908 geschieden. Elsa ist jetzt 35 Jahre alt und sucht eine neue Beziehung. Sie ist ein häuslicher Typ, kocht gern, liebt die schwäbische Gemütlichkeit und sorgt liebevoll für ihre Töchter. Von Zeitgenossen wird sie als eine etwas füllige, blonde und blauäugige Frau geschildert, die so einige Schrullen hat. Meist ist sie liebenswürdig, kann aber auch äußerst resolut sein. Sie ist vielleicht keine Schönheit, aber sie ist eitel. Eine Anekdote berichtet, dass sie trotz ihrer starken Kurzsichtigkeit keine Brille tragen wollte; bei einem Festessen habe sie prompt die Orchideen der Tischdekoration mit Salat verwechselt und zu verspeisen begonnen.

Was auf den ersten Blick auffällt, ist die große Ähnlichkeit von Elsa und Albert, die sich im Laufe der Jahre noch steigern wird. Ihre verwandtschaftliche Beziehung ist unverkennbar: die gleiche ausgeprägte Nase, die gleiche Kinnpartie, beide eher gedrungen, beide mit der leicht gewellten, immer wilder werdenden Frisur.

Doch wie auch Einstein die Beziehung zu seiner Cousine sehen mag, zu diesem Zeitpunkt zieht es ihn nicht nach Berlin. Im Oktober 1912 tritt er seine Stellung als ordentlicher Professor für theoretische Physik in Zürich an. Nun ist er ein gemachter Mann und kann sein Gehalt glatt auf 11 000 Schweizer Franken verdoppeln. Einstein arbeitet geradezu verbissen an der Erweiterung seiner Relativitätstheorie, spricht von »höchster Konzentration, übermenschlichen Anstrengungen und quälenden Zweifeln«.

Auch Elsa in Berlin berichtet er von seiner anstrengenden Arbeit: »Morgen muß ich nach Paris, um in der Sorbonne einen französischen (!) Vortrag zu halten. Ist das nicht kühn? Halte mir also am Donnerstag

Vormittag freundlich den Daumen; denn dann wird das Mirakel stattfinden. Im letzten halben Jahr habe ich so angestrengt gearbeitet wie noch nie im Leben und nun vor einigen Wochen endlich das Problem gelöst. Es ist eine kühne Fortsetzung der Relativitätstheorie nebst einer Theorie der Gravitation. Nun muß ich mir aber etwas Ruhe gönnen, sonst geh ich baldigst kaputt. Ich würde etwas drum geben, wenn ich einige Tage mit Dir verbringen könnte, aber ohne . . . mein Kreuz«[29] – wie er wenig liebevoll seine Ehefrau bezeichnet.

Im Mai 1913 wird seine neue Arbeit unter dem Titel »Entwurf einer verallgemeinerten Relativitätstheorie und einer Theorie der Gravitation« in der »Zeitschrift für Mathematik und Physik« sowie als eigenständige Broschüre veröffentlicht. Diesmal jedoch ungewöhnlicherweise nicht allein, sondern gemeinsam mit Marcel Grossmann, der den mathematischen Teil übernommen hat. Die darin vertretenen Thesen wird er im September bei einem Vortrag auf der Tagung der Deutschen Naturforscher und Ärzte in Wien präsentieren. Wie sich später herausstellt, ist zu diesem Zeitpunkt noch vieles an dieser Theorie unausgegoren, jedenfalls gibt es reichlich Widerspruch. Einsteins Fazit: »Ich freue mich darüber, daß die Fachgenossen sich überhaupt mit der Theorie beschäftigen, wenn auch vorläufig nur in der Absicht, dieselbe totzuschlagen.«[30] Aber es wird immer klarer: Ein Beweis muss her. Einstein ist sich sicher, dass dies bei einer Sonnenfinsternis gelingen wird: »Ich bin im Stillen ziemlich fest überzeugt, dass die Lichtstrahlen tatsächlich eine Krümmung erfahren.«[31]

Diese Arbeiten zur Allgemeinen Relativitätstheorie beschäftigen Einstein jetzt immer stärker. Ähnlich wie 300 Jahre zuvor ein vom Baum fallender Apfel Issac Newton zu seinen Erkenntnissen über die Schwerkraft führte, geht Einstein in seinen Gedankenexperimenten von fahrenden Fahrstühlen oder einem vom Dach eines Hauses fallenden Beobachter aus. Einstein stellt fest, dass Gravitation und Beschleunigung äquivalent – also gleich – sind. So können die Insassen eines Fahrstuhls nicht unterscheiden, ob die auf sie wirkende Kraft durch die Schwerkraft oder durch die Beschleunigung des Fahrstuhls verursacht wird. Einsteins Überlegungen führen zu dem Resultat, dass die Eigenschaften eines Punktes im Weltall davon abhängig sind, wie viel Masse und Energie sich an diesem Punkt befinden. Man spricht nach dieser Theorie davon, dass der Raum und die Zeit umso stärker verzerrt (oder gekrümmt, wie es meist heißt) sind, je mehr Masse und Energie dort vorhanden sind. Die verhältnismäßig kleine Erde hat nicht viel Masse und daher ist auch die Krümmung von Raum und Zeit um sie herum nicht sonderlich stark. Anders sieht es mit der Sonne aus.

Die moderne Physik verdankt dieser Theorie weitgehende Erkenntnisse über das Universum. Hohe Energie-Materie-Ansammlungen führen zu starken so genannten Raumzeitkrümmungen und im Extremfall zur Bildung schwarzer Löcher. Diese bizarren Objekte können beispielweise bei der Explosion einer Supernova entstehen. Ein schwarzes Loch ist ein Objekt mit der Masse des Sterns, allerdings mit wesentlich geringerer Ausdehnung, da bei der Explosion ein Teil des Sterns weggeschleudert, der Rest komprimiert wird. Dabei wird die Dichte des neuen Körpers unglaublich hoch, und die Anziehungskraft – die Gravitation – steigt dermaßen an, dass nur noch Körper mit einer größeren Geschwindigkeit als der des Lichts das Loch verlassen können. Die Allgemeine Relativitätstheorie Einsteins besagt aber, dass Bewegungen mit höherer als der Lichtgeschwindigkeit nicht möglich sind. Das bedeutet wiederum, dass kein Körper, auch kein Licht, das Gravitationsfeld eines schwarzen Lochs überwinden kann.

Max Planck und Walther Nernst besuchen Einstein Anfang Juli 1913 in Zürich, um über eine Berufung als ordentliches Mitglied der Preußischen Akademie der Wissenschaften in Berlin zu verhandeln. Sie haben ein Angebot in der Tasche, das man eigentlich nicht ablehnen kann: »Die unterzeichneten Mitglieder der Akademie beehren sich, die Erwählung des ordentlichen Professors der theoretischen Physik an der eid-genössischen technischen Hochschule in Zürich, Dr. Albert Einstein, zum ordentlichen Mitglied der Akademie, mit einem besonderen persönlichen Gehalt von 12 000 M.

zu beantragen.«[32] 12 000 Mark – zusätzlich zum normalen Gehalt als Professor, das er in Berlin ebenfalls erhalten soll – sind absolute Spitze und äußerst unüblich, zumal die Mitgliedschaft in der Akademie mehr eine Ehre für herausragende Gelehrte ist als eine berufliche Tätigkeit. Für diese hohe Summe soll Einstein nur alle zwei Wochen die Sitzungen der Akademie besuchen, den Rest der Zeit hätte er frei für das Denken und Forschen. Einstein verlangt eine Bedenkzeit von 24 Stunden. Die beiden Unterhändler machen also einen Ausflug in die Berge, und es wird vereinbart: Wenn Einstein am nächsten Tage bei ihrer Rückkehr am Bahnhof mit einem weißen Tuch winkt, ist das seine Zusage. Und er winkt tatsächlich.

Als seine Entscheidung gefallen ist, schreibt Einstein sofort an Elsa: »Letzter Tage hatte ich Besuch von Planck und Nernst, die sichs nicht nehmen liessen, eigens von Berlin zu kommen, um mir eine Stelle an der Akademie anzutragen ... Ich freue mich schon sehr auf die schönen Zeiten, die wir zusammen verbringen werden!« Und einige Tage später: »Und eine der Hauptsachen, die ich will, das ist, Dich oft zu sehen, mit Dir herumzulaufen und mit Dir zu plaudern ... Du aber sei umarmt und geküsst von Deinem glücklichen Albert.«[33]

Im Oktober besucht Einstein schließlich Elsa in Berlin und das Thema Ehe wird wohl schon vorsichtig angesprochen. Einstein beobachtet jedenfalls genau, was seine Frau Mileva sowie seine Mutter zu der Cousine in Berlin meinen. Scherzhaft nimmt er das vorweg, was erst einige Jahre später Realität werden wird: Er lässt per Brief seine »Stiefkinderchen Ilse und Margot« grüßen und küssen. Jedenfalls scheint Elsa das Thema Scheidung angesprochen und Einstein gedrängt zu haben, sich von seiner Frau zu trennen. Einstein antwortet etwas ungehalten: »Glaubst Du, es sei so leicht, sich scheiden zu lassen ... Andererseits behandle ich meine Frau wie eine Angestellte, der ich allerdings nicht kündigen kann. Ich habe mein eigenes Schlafzimmer und vermeide es, mit ihr allein zu sein. In dieser Form halte ich das ›Zusammenleben‹ ganz gut aus. Ich begreife eigentlich nicht, warum Du Dich so schrecklich daran stoßest. Ich bin durchaus mein eigener Herr und, wenn Du Dich mir nicht anschließen wirst, auch meine eigene – Frau.«[34]

Inwieweit nun wissenschaftliche Gründe, das phantastische Honorar oder vielleicht doch eher die Aussicht auf das Zusammenleben mit seiner Cousine den Ausschlag geben, nach Berlin zu gehen, muss offen bleiben. Von Berlin selbst war Einstein noch nie begeistert. Obwohl er die Stadt gar nicht näher kennt, weiß er – ähnlich wie seinerzeit in Prag – schon wenig Schmeichelhaftes über ihre Bewohner zu sagen: »Dieser Mangel an persönlicher Gediegenheit ist eben überhaupt leider Berliner Art. Wenn diese Leute mit Franzosen und Engländern zusammen sind, welcher

Unterschied! Wie roh und primitiv sind sie. Eitelkeit ohne echtes Selbstgefühl. Civilisation (schön geputzte Zähne, elegante Kravatte, geschniegelter Schnauz, tadelloser Anzug) aber keine persönliche Kultur (Rohheit in Rede, Bewegungen, Stimme, Empfindung). Nun will ich ja gerne zugeben, dass die beiden Dinge nicht unvereinbar sind. Aber wenn ich anfange, mich körperlich zu pflegen, dann bin ich nicht mehr ich selber. Also für mich wäre es der Anfang einer (Gottseibeimir) Verberlinerung. Also zum Teufel damit.«[35]

Gegen Jahresende beginnen die Planungen für den Umzug. Einstein ahnt Böses, denn seine Mutter Pauline plant ebenfalls, zurück nach Berlin zu ziehen, um Onkel Jakob den Haushalt zu führen. Kurz vor Weihnachten schreibt er an Elsa: »Meine Frau heult mir unausgesetzt vor von Berlin und ihrer Angst vor den Verwandten. Sie fühlt sich verfolgt und hat Angst, Ende März habe ihre letzte ruhige Minute geschlagen. Nun, etwas Wahres ist dabei. Meine Mutter ist sonst gutmütig, aber als Schwiegermutter ein wahrer Teufel.«[36] Und als Mileva im Januar allein nach Berlin fährt, um sich nach einer geeigneten Wohnung umzusehen, gibt es auch prompt die ersten Reibereien zwischen Mileva und Elsa und Misstrauen auf beiden Seiten.

Das Wintersemester 1913/1914 wird das dritte und letzte sein, das Einstein in Zürich abhält. Einer der Gründe, nach Berlin zu gehen, ist sicherlich auch die Aussicht, keine Vorlesungen mehr halten zu müssen.

Einstein hat wiederholt geklagt, dass ihm die Lehre keinen Spaß mache. In Berlin hat er nun eine Stellung in Aussicht, die ihm reichlich Zeit zum Grübeln lässt. Keine Lehrveranstaltung, keine sonstigen bürokratischen Verpflichtungen stehen ihm bevor, nur ab und zu einmal eine Sitzung der Akademie.

Im November bestätigt Kaiser Wilhelm mit seiner verschnörkelten eigenhändigen Unterschrift, was schon lange feststeht, nämlich die Wahl Einsteins zum Akademie-Mitglied. Im Februar hält er so etwas wie einen Abschiedsvortrag vor der Physikalischen Gesellschaft in Zürich, natürlich zum Thema Gravitationstheorie. Und beim anschließenden Abschiedsessen sagt er zu einem Bekannten: »Die Berliner spekulieren mit mir wie mit einem prämiierten Leghuhn; aber ich weiß nicht, ob ich noch Eier legen kann!«[37]

Pazifismus und Allgemeine Relativitätstheorie
Der Umzug nach Berlin und der Erste Weltkrieg
1914–1918

Im März 1914 mieten Einsteins eine Wohnung in der Ehrenbergstraße 33 im vornehmen und ruhigen Berlin-Dahlem. Mileva macht noch mit den Kindern Urlaub in der Schweiz und so ist Einstein also zunächst alleine in Berlin. Seine Stimmung ist ausgelassen. Er schreibt an einen Freund: »Es ist schön hier in Berlin … meine Verwandten machen mir viel Freude, besonders eine Kusine meines Alters.«[1] Mileva kommt mit den Kindern Ende April nach, aber sie ist unglücklich und kann sich in das neue Leben nicht einfügen. Diese Stimmung überträgt sich auf den jetzt zehnjährigen Hans Albert, der unter dem Schulwechsel leidet. Ähnlich wie früher sein Vater beklagt er sich, dass er in der Schule nur auswendig lernen müsse.

Nur noch zwei Monate hält dieses »Eheleben« an. Im Juni kommt der alte Freund Michele Besso nach Berlin, um Mileva und die beiden Kinder zurück in die Schweiz zu begleiten. Für die Kinder hat es den Anschein, als würden sie wie jedes Jahr in die Sommerferien aufbrechen, und auch Mileva scheint diese Reise zunächst nur als vorläufig und vorübergehend anzusehen. Aber der Abschied am Bahnhof – übrigens in Begleitung des Kollegen und inzwischen Freundes Fritz Haber – ist endgültig. Die Trennung von seinen Söhnen wird von Einstein als hart empfunden. Erst Jahre später werden sich die familiären Beziehungen soweit normalisieren, dass er seine Kinder besuchen oder mit ihnen verreisen kann.

Für den 21. August ist eine Sonnenfinsternis vorhergesagt, die man besonders gut im südlichen Russland beobachten kann. Intensive Vorbereitungen für Beobachtungen laufen. Endlich soll der Beweis für die Ablenkung der Lichtstrahlen erbracht werden. Der Astronom Erwin Freundlich hatte unermüdlich für diese Idee gekämpft und Gelder für eine Expedition nach Russland bei der Akademie und der deutschen Industrie lockergemacht. Mitte Juli reist er auf die Krim. Alles ist aufs Sorgfältigste vorbereitet. Zur Sicherheit sind gleich mehrere Kameras postiert, um den entscheidenden Moment nicht zu verpassen. Nur zwei Minuten der totalen Finsternis stehen für eine optimale Beobachtung zur Verfügung. Aber statt eines triumphalen Erfolges landet Freundlich als Gefangener in einem russischen Lager. Der Erste Weltkrieg hat begonnen.

Serbien – Milevas Heimatland – ist der Anlass zu diesem Krieg. Der schwelende Konflikt zwischen Österreich-Ungarn und Russland entzündet sich, als am 28. Juni 1914 serbische Nationalisten den zu Besuch in Sarajevo weilenden österreichischen Thronfolger Franz-Ferdinand und dessen Frau bei einem Attentat ermorden. Alle diplomatischen Vermittlungsversuche scheitern; Deutschland betreibt mit der Mobilmachung und der Unterstützung der österreichischen Forderungen eine Politik, die zwangsläufig zum Krieg führen muss.

Schon lange Zeit vorher begann dieser verhängnisvolle Weg des Deutschen Reiches zu machtpolitischen Wahnvorstellungen: Kaiser, Regierung und Militärs forderten mit ihrem Anspruch auf weltpolitische Mitsprache und Kolonien sowie mit ständigen Kriegsdrohungen schließlich nicht nur die europäischen Kolonialmächte heraus, sondern auch die Vereinigten Staaten von Amerika und Japan. Am 1. August erklärt das Deutsche Reich den Krieg zunächst mit Russland, zwei Tage später mit Frankreich. Der Konflikt weitet sich aus, als am Tag danach die deutschen Truppen die belgische Neutralität verletzen und in Belgien einmarschieren, was zum Kriegseintritt Großbritanniens führt.

In Deutschland arbeitet die Propagandamaschine gut. Am 4. August 1914 versammelt Kaiser Wilhelm II. in Berlin die Führer der Parteien des Reichstages um sich und erklärt: »Uns treibt nicht Eroberungslust, uns beseelt der unbeugsame Wille, den Platz zu bewahren, auf den Gott uns gestellt hat, für uns und alle kommenden Geschlechter. An die Völker und Stämme des

Deutschen Reichs ergeht mein Ruf, mit gesamter Kraft, in brüderlichem Zusammenstehen mit unseren Bundesgenossen zu verteidigen, was wir in friedlicher Arbeit geschaffen haben.« Dann folgt sein berühmter Satz: »Ich kenne keine Parteien mehr, ich kenne nur noch Deutsche!«[2] Jetzt plötzlich dürfen auch die bisher bekämpften Sozialisten und Katholiken in »Reih und Glied« marschieren und ihre Haut zu Markte tragen.

Eine beispiellose Kriegsbegeisterung bricht in Deutschland aus, der Besonnene nur mit Entsetzen gegenüberstehen. Einstein kommentiert: »Unglaubliches hat Europa in seinem Wahn begonnen.« Und: »In solcher Zeit sieht man, welch trauriger Viehgattung man angehört. Ich döse ruhig hin in meinen Grübeleien und empfinde nur eine Mischung aus Mitleid und Abscheu.«[3]

Einstein kann sich zunächst aus allem heraushalten, er ist Schweizer und wird in Ruhe gelassen. Doch auch in seiner nächsten Nähe geschehen Dinge, die ihn beunruhigen: Der Kollege Walther Nernst, Professor für physikalische Chemie in Berlin und schon in seinen Fünfzigern, meldet sich als Kriegsfreiwilliger und fährt mit seinem Privatauto an die französische Front, um den baldigen Einmarsch in Paris – so hofft man – mitzuerleben. Allerdings wird es nichts mit dem kurzen »Ausflug nach Paris«. Es folgt der vier Jahre andauernde furchtbare Stellungskrieg im Schützengraben mit seinen unmenschlichen Opfern.

Auch der Freund Fritz Haber stellt seine Fähigkeiten freiwillig und bereitwillig dem Militär zur Verfügung. Haber – wie Einstein jüdischer Herkunft, aber inzwischen zum Christentum übergetreten und übereifrig in seinem königs- und staatstreuen Gehabe – hatte bereits in Vorkriegszeiten mit einem Verfahren zur Synthese von Ammoniak aus dem Stickstoff der Luft einen wichtigen Beitrag für die Kriegsführung geleistet, wenn auch zunächst unfreiwillig. Ammoniak wurde zur Herstellung von Düngemitteln benötigt und der Rohstoff Salpeter musste aus dem weit entfernten Chile herangeschafft werden. Nun stellt sich aber heraus, dass man Ammoniak auch für die Produktion von Sprengstoffen verwenden kann. Prompt wird der für Deutschland bestimmte Nachschub von Salpeter durch die englische Flotte unterbrochen und Habers Erfindung wird äußerst kriegswichtig – und kriegsverlängernd. Kurze Zeit darauf kommt es noch schlimmer: Haber entwickelt für das Militär Giftgas und fördert so entgegen dem Verbot durch die Haager Konvention einen besonders schmutzigen Krieg. Am 22. April 1915 werden unter seiner Aufsicht und Anleitung hunderte Tonnen des äußerst aggressiven Chlors über die französischen Schützengräben geschüttet. 5 000 Soldaten sterben qualvoll, 10 000 erleiden schlimmste Verätzungen. Diese Erfahrung hindert Haber nicht daran, im weiteren Verlauf des Krieges immer »wirksamere« Giftstoffe zu entwickeln.

Für Einstein jedoch ist Pazifismus gewissermaßen »angeboren«. Als Kind war ihm Militärmusik und Marschieren im Gleichschritt schon ein Gräuel. Und auch später ist er deutlich genug: »Wenn einer mit Vergnügen in Reih und Glied zu einer Musik marschieren kann, dann verachte ich ihn schon; er hat sein großes Gehirn nur aus Irrtum bekommen.«[4]

Als im September 1914 der berüchtigte Aufruf »An die Kulturwelt« erscheint, ist es um Einsteins Ruhe dann doch geschehen. Dieser Aufruf wird als »Manifest der 93« in deutschen und übersetzt auch in ausländischen Zeitungen veröffentlicht mit der Unterschrift von 93 Wissenschaftlern, Künstlern, Politikern und Intellektuellen und ist eindeutig ein Bekenntnis zu Krieg und Rassismus: »Es ist nicht wahr, daß Deutschland diesen Krieg verschuldet hat. Sich als Verteidiger europäischer Zivilisation zu gebärden, haben die am wenigsten das Recht, die sich mit Russen und Serben verbünden und der Welt das schmachvolle Schauspiel bieten, Mongolen und Neger auf die weiße Rasse zu hetzen.« Ferner werden propagandistische Unwahrheiten verbreitet, wie etwa die, dass beim Überfall auf Belgien das »Leben und Eigentum keines einzigen belgischen Bürgers« von den deutschen Soldaten angetastet worden sei.

Es ist schon erstaunlich, wer diesen Aufruf unterschreibt: Gerhart Hauptmann, Max Liebermann, Hermann Sudermann, aber auch Wissenschaftler wie

Max Planck, Walther Nernst und natürlich auch Fritz Haber. Hier wird erstmals in großem Rahmen die Presse für die Kriegsbegeisterung nutzbar gemacht, ein Muster, das sich bis heute bei der politischen Meinungsbildung erhalten hat. Einstein als Schweizer hatte man gar nicht erst um seine Unterschrift gebeten; er ist auch im Vergleich mit den anderen »Geistesgrößen« in der allgemeinen Öffentlichkeit zu unbekannt.

Einstein wird angesichts dieser aus seiner Sicht Besorgnis erregenden Vorgänge erstmals politisch aktiv. Er unterschreibt als direkte Antwort an das »Manifest der 93« ein Gegenmanifest unter dem Titel »Aufruf an die Europäer«, in dem gewarnt wird: »Solche Stimmung ist durch keine Leidenschaft zu entschuldigen, sie ist unwürdig dessen, was bisher alle Welt unter dem Namen Kultur verstanden hat, und sollte sie Allgemeingut unter den Gebildeten werden, so wäre das ein Unglück.«[5] Aber dieser Aufruf hat keine Chance: Lediglich vier Unterschriften kommen zusammen, und damit wird auf eine sinnlose und vermutlich wirkungslose Veröffentlichung verzichtet.

Seltsamerweise kann Einstein beides sehr gut miteinander verbinden: seine pazifistische und äußerst kritische, ja mitunter schroffe Einstellung zu dem fanatischen Getöse der meisten Kollegen und die gut funktionierende wissenschaftliche Zusammenarbeit mit ebendenselben Kollegen. Obwohl die »Deutsche Physikalische Gesellschaft« bei der nationalistischen Hysterie durchaus mitmacht, lässt Einstein sich 1916 als Nachfolger Max Plancks zu deren Vorsitzenden wählen. Obwohl er den Kaiser verachtet, lässt er sich von ihm »allergnädigst« in das Kuratorium der »Physikalisch-Technischen Reichsanstalt« berufen. Obwohl Fritz Haber für das Militär arbeitet, bleibt er dessen Freund. Einstein kann mit diesen Widersprüchen leben. Er sieht vieles aus der Distanz und sein Humor hilft ihm dabei: »Warum soll man als Dienstpersonal im Narrenhaus nicht vergnügt leben können? Man respektiert doch alle Narren als diejenigen, für welche das Gebäude da ist, indem man lebt.«[6]

Im Herbst 1915 trifft Einstein den französischen Schriftsteller und Pazifisten Romain Rolland, der sich eine deutsch-französische Aussöhnung zum Ziel gesetzt hat. Rolland erkennt diesen Widerspruch in der Einstellung Einsteins und beschreibt ihn als einen freien Menschen, den sein eigenes Denken unabhängig macht: »Einstein ist in seinen Urteilen über Deutschland, wo er lebt, unglaublich frei. Kein Deutscher verfügt über diese Freiheit. Ein anderer als er hätte darunter gelitten, sich in diesem furchtbaren Jahr im Denken isoliert zu fühlen. Er nicht. Er lacht. Er hat es fertiggebracht, während des Krieges sein wichtigstes wissenschaftliches Werk zu schreiben.«[7]

Kurz nach Beginn des Ersten Weltkrieges gründen engagierte deutsche Bürger den »Bund Neues Vaterland«. Sie wollen der Kriegsbegeisterung des Kaisers und des deutschen Volkes eine vernünftige Friedenspolitik entgegenstellen. Die Ziele sind: sofortiger Ausstieg aus dem Weltkrieg, Versöhnung mit allen Nachbarn – vor allem mit Frankreich – und Verzicht auf Gebietsforderungen.

Im März 1915 schließt sich Einstein dieser Sammlung demokratischer Kriegsgegner an. Aber auch hier zeigt er sich widersprüchlich. Jedenfalls ist seine Rolle in der Öffentlichkeit nicht besonders aktiv, eher zurückhaltend. Einstein stellt zwar seinen Namen für die Kriegsgegner zur Verfügung, nimmt aber an den Sitzungen und Besprechungen der pazifistischen Organisationen kaum teil. Als 1915 durch Verhaftungen, Zensur und andere Unterdrückung die pazifistische Bewegung in den Untergrund gezwungen wird, zieht sich Einstein zurück. Ob dabei bequeme Anpassung, Rücksicht auf befreundete Kollegen oder die Einsicht in die Wirkungslosigkeit des Pazifismus die Ursache sind, muss offen bleiben.

Trotz dieser eher zurückhaltenden Einstellung Einsteins ist er als der große Pazifist in die Geschichte eingegangen. Neuere Forschungen haben dieses Phänomen zum Teil erklären können. Man hat herausgefunden, dass Einsteins Teilnahme an den politischen Aktivitäten der pazifistischen Organisationen während des Ersten Weltkrieges später in der Weimarer Republik übertrieben dargestellt wurde. Diese Wertung von Einsteins Engagement war der Versuch, den Glanz von

Einsteins Namen nachträglich zur Verklärung der Friedensbewegung während des Krieges zu benutzen.[8]

Trotz Krieg und politischer Unruhe gehen die wissenschaftlichen Arbeiten weiter. Die Beobachtung der Sonnenfinsternis war zwar wissenschaftlich der richtige Weg, konnte jedoch wegen des Kriegsbeginns nicht durchgeführt werden. Erwin Freundlich, der nach einigen Wochen aus russischer Gefangenschaft gegen Kriegsgefangene ausgetauscht wird, muss sich deswegen nicht allzu sehr grämen, denn die amerikanische Expedition scheitert ebenfalls – am Wetter. Während kurz vor und kurz nach der Sonnenfinsternis in Russland strahlend klarer Himmel herrscht, wird das Ereignis selbst durch Wolken verdeckt. Freundlich gibt natürlich nicht auf, er beginnt sogleich mit der Planung neuer Expeditionen für die 1918 und 1919 erwarteten Sonnenfinsternisse.

Auch ohne die Beweiskraft der Beobachtungen bei einer Sonnenfinsternis schließt Einstein seine langjährigen Bemühungen um die Formulierung einer relativistischen Theorie der Gravitation 1915 mit einem Triumph ab: Er stellt der Preußischen Akademie der Wissenschaften die Grundgedanken seiner »Allgemeinen Relativitätstheorie« vor und erfüllt die hohen Erwartungen, die mit seiner Berufung nach Berlin verbunden sind. Von dieser Theorie wird seitdem immer mit besonderer Ehrfurcht gesprochen, als »die größte jemals gemachte wissenschaftliche Entdeckung«, die bis heute nicht übertroffen wurde. Auch Einstein selbst kommt ins Schwärmen und bezeichnet seine Leistung als »die höchste Befriedigung meines Lebens«.

Einstein zeigt mit der Allgemeinen Relativitätstheorie, dass nicht nur gleichmäßige Bewegungen, sondern auch Bewegungen mit Beschleunigungen und Kurven einer Relativität unterliegen. Seine Theorie basiert darauf, dass die Gravitation in einem Schwerefeld nicht von der Trägheitskraft bei einer Beschleunigung oder der Fliehkraft in einer Kurve unterschieden werden kann. Die Physik ist auf der Erde die gleiche wie in einer Rakete, die mit einer Kraft beschleunigt wird, die der Schwerkraft der Erde entspricht. Einstein macht also die Gleichheit von träger und schwerer Masse zu einem Grundprinzip der Physik.

Es handelt sich im Grunde um eine neue Erklärung der Schwerkraft. Die Theorie beschreibt die Gravitation nicht als Kraft, sondern als Aspekt der »Raumzeit«. Der Raum selbst ist keine absolute unveränderliche Größe mehr wie noch bei Newton. Er wird durch die Verteilung von Masse und Energie im Universum beeinflusst. Sterne und Galaxien rufen eine Krümmung der Raumzeit hervor; Licht und Materie sind gezwungen, durch den so verzerrten Raum zu laufen und der Krümmung zu folgen. Dies erweckt den Anschein einer anziehenden Kraft – eben der Schwerkraft.

Im März 1916 ist die Theorie so weit fertig gestellt, dass Einstein in den »Annalen der Physik« einen für ihn ungewöhnlich langen Aufsatz mit 50 Druckseiten veröffentlichen kann, Titel: »Die Grundlage der allgemeinen Relativitätstheorie«. Die Theorie ist mathematisch formuliert und für den Nicht-Mathematiker nur schwer zu verstehen. Auch viele Zeitgenossen Einsteins haben damit ihre Probleme. Aber Max Born und Erwin Freundlich ebnen den Weg zu breiter Anerkennung, indem sie verständlichere Arbeiten über das Wesen der Allgemeinen Relativitätstheorie veröffentlichen.

Einstein schreibt selten Bücher, eine Ausnahme ist jedoch ein Büchlein von rund 80 Seiten, das er 1916 verfasst und das im folgenden Jahr im Vieweg-Verlag, Braunschweig, erscheint. Es trägt den Titel: »Über die spezielle und die allgemeine Relativitätstheorie« und darunter in Klammern »Gemeinverständlich«. Dieses Buch ist ungewöhnlich erfolgreich und erlebt in den nächsten Jahren viele Auflagen; bereits 1920 sind mehr als 50 000 Exemplare verkauft.

Das private Leben Einsteins wird vom Krieg nicht sonderlich beeinträchtigt. Im Sommer 1915 war er mit Elsa nach Rügen gereist und hatte dabei erstmals das Meer kennen gelernt. Nach wie vor schmerzlich ist für ihn die Trennung von seinen beiden Söhnen. Mileva lebt in Zürich, erhält von Einstein Unterhaltungszahlungen, zeigt aber keine große Bereitschaft, Einstein das Zusammentreffen mit den Söhnen zu erleichtern. Sie weiß natürlich von Elsa, hofft aber wohl insgeheim doch noch auf ein Wunder der Versöhnung. Es kommt zu gereizten Briefwechseln, und Einstein verdächtigt seine Frau, die Kinder gegen ihn aufzuwiegeln. Im Herbst 1915, bei einem beruflichen Besuch in der Schweiz, kann er seinen Sohn Hans Albert sehen und sogar einige Tage mit ihm an der Donau verbringen. Erst zu Ostern des folgenden Jahres besucht Einstein erneut seine Familie. Dieser Besuch endet in großen Auseinandersetzungen und Mileva erleidet nach Einsteins Abreise einen Zusammenbruch mit Angstzuständen und Depressionen. Ihr Zustand verschlechtert sich, eine lebensgefährliche Hirnhautentzündung wird festgestellt. Sie benötigt mehrere Monate, bis sie ihre Kinder wieder betreuen kann, die zwischenzeitlich bei einer Freundin wohnen.

Einstein versucht mit allen möglichen Mitteln, Mileva eine Scheidung schmackhaft zu machen: Er will zu ihren Gunsten auf seine Pension verzichten (was in der Realität natürlich nicht möglich wäre), er will seinen Sohn zu sich holen und ihm Privatunterricht geben (was Mileva eher als Drohung auffassen muss). Der jüngere Sohn Eduard macht zunehmend Sorgen wegen seiner angegriffenen Gesundheit; ständig hat er Kopfschmerzen und bekommt eine Kinderkrankheit nach der anderen. Als die Ärzte keinen Rat wissen und für den Jungen einen Sanatoriumsaufenthalt vorschlagen, steigert sich Einstein in eine obskure Selbstanklage hinein: Das Kind sei geistesgestört, es werde nie ein »ganzer Mensch« werden. Auch er habe Schuld daran. Er hätte nie ein Kind mit Mileva zeugen dürfen, denn die Krankheit seines Sohnes sei von Mileva vererbt. Das alles ist aus heutiger Sicht völlig unbegründet und Eduard wird ohne Erbkrankheiten aufwachsen.

Diese ganzen nervenzehrenden Ereignisse geschehen zu einer Zeit, in der Einstein besonders viel arbeitet und veröffentlicht. Er überfordert sich und wird schwer krank. Wegen Leberbeschwerden und Gallensteinen muss er sich behandeln lassen und verliert in kurzer Zeit über 20 Kilo Gewicht. Erst später stellt ein Arzt fest, dass er an einem Darmgeschwür leidet. Während seiner Krankheit kümmert sich Elsa um ihn und veranlasst, ohne ihn groß zu fragen, dass er in ihre Nähe zieht – nämlich in eine Nachbarwohnung im Bayerischen Viertel in Berlin-Schöneberg. Einstein schreibt lapidar an Michele Besso: »Meine Adresse ist also Haberlandstr. 5. Der Umzug soll schon bewerkstelligt sein.«[9] Danach dauert es nicht lange, bis ernsthafte Scheidungsverhandlungen beginnen.

Im Sommer des letzten Kriegsjahres reist Einstein mit seinem »kleinen Harem«, wie er Elsa und ihre beiden Töchter bezeichnet, an die Ostsee nach Ahrenshoop und ist vergnügt: »Hier ist es wundervoll, kein Telephon, keine Verpflichtung, absolute Ruhe ... Ich liege am Gestade wie ein Krokodil, lasse mich von der Sonne braten, sehe nie in die Zeitung und pfeife auf die sogenannte Welt.«[10]

Nach einer Dauer von vier Jahren und drei Monaten geht der Erste Weltkrieg zu Ende. Seit Ende September 1918 wird an verschiedenen Fronten über einen Waffenstillstand verhandelt, Unruhen beginnen und am 9. November führen diese in Berlin schließlich zur Abdankung des Kaisers und zur Gründung einer Deutschen Republik. Einstein, der an diesem 9. November eigentlich eine Vorlesung hätte halten sollen, schreibt in seine Notizen: »9. XI. fiel aus wegen Revolution.« Eine Zeit der Hoffnung beginnt. Nach Jahren der Trostlosigkeit herrscht Aufbruchstimmung. Auch Einstein ist wie befreit. Er engagiert sich für die junge Republik und vor allem für die internationale Aussöhnung.

Alles ist relativ

Der Beweis und der Nobelpreis

1919–1923

Nach der Abdankung des Kaisers im November 1918 beginnt ein neues Zeitalter in Deutschland. Nach einem schrecklichen Krieg mit insgesamt mehr als zehn Millionen Menschenopfern in aller Welt ist die Monarchie beendet. Der sozialdemokratische Politiker Philipp Scheidemann ruft von einem Balkon des Reichstags in Berlin die Deutsche Republik aus und schmiedet zusammen mit dem SPD-Vorsitzenden und baldigen ersten Präsidenten Friedrich Ebert eine Koalition aus bürgerlichen und sozialistischen Parteien. Nur wenige hundert Meter vom Reichstag entfernt – vor dem Berliner Schloss – proklamiert der linkssozialistische Politiker Karl Liebknecht im Rausch der Revolution eine sozialistische »Räterepublik«; allerdings kommt dieser Versuch zu spät, die meisten Sozialisten haben sich bereits für Scheidemann und Ebert entschieden.

Einstein ist vom Ende des Krieges und dem allgegenwärtigen Neubeginn begeistert. Er lebt auf und schreibt gleich am 11. November an seine Mutter: »Bisher ging alles glatt, ja imposant. Ich bin sehr glücklich über die Entwicklung der Sache. Jetzt wird es mir erst recht wohl hier.«[1] Während die allgemeine Stimmung der meisten Deutschen angesichts eines harten Friedensvertrags und ungewisser Zukunftsaussichten zutiefst deprimiert ist, glaubt Einstein optimistisch an eine bessere Zukunft und sagt: »Ich bin der festen Überzeugung, daß kulturliebende Deutsche auf ihr Vaterland bald wieder so stolz sein dürfen, wie je – mit mehr Grund als vor 1914.«[2] Das wird sich später zwar leider als eine Illusion erweisen, aber zu diesem Zeitpunkt ist Einsteins Vertrauen an ein demokratisches Deutschland ungebrochen.

Im Winter fährt Einstein in die Schweiz, einerseits um Vorlesungen in Zürich zu halten, andererseits zur Vorbereitung seiner Scheidung. Elsa begleitet ihn. Über die Scheidungsgründe gibt es keine Auseinandersetzung. Einstein räumt »Ehebruch« ein; das Sorgerecht für die Söhne erhält Mileva. Die Verhandlungen drehen sich vor allem um die Unterhaltszahlungen, die Einstein zu leisten hat. Für dieses Problem finden Mileva und Albert eine Lösung, die äußerst ungewöhnlich ist. Es wird vereinbart, dass Mileva und die Söhne als Abfindung den mit einem Nobelpreis ausgezahlten Geldpreis erhalten sollen. Das sind rund 180 000 Schweizer Franken – nach heutigen Geldwert mindestens eine Million Euro; damit wäre die Zukunft der drei komfortabel gesichert. Allerdings gibt es ein Problem: Den Nobelpreis hat Einstein weder bisher bekommen, noch wurde er ihm in Aussicht gestellt. Erst drei Jahre später wird er ihn erhalten. Dieses Abkommen zeugt von einem ungewöhnlich starken Selbstbewusstsein Einsteins, aber auch von einem nach wie vor großen Vertrauen Milevas in die Fähigkeiten ihres Ehemanns. Im Februar wird die Scheidung schließlich ausgesprochen mit der Auflage, dass der »schuldige« Einstein erst in zwei Jahren wieder heiraten darf.

Daran halten sich Elsa und Albert allerdings nicht. Nur knapp vier Monate nach der Scheidung – am 2. Juni 1919 – heiraten die beiden auf dem Standesamt Berlin-Wilmersdorf und legalisieren damit ihre Beziehung. Auch Elsas beide Töchter – Ilse und Margot – nennen sich jetzt »Einstein« mit Nachnamen und wohnen gemeinsam mit Mutter und Stiefvater in der Haberlandstraße 5; das Haus wird übrigens im Zweiten Weltkrieg völlig zerstört werden.

Die Wohnung in der vierten Etage eines typischen Berliner Mietshauses ist vom Geschmack Elsas geprägt. Die Einrichtung mit Biedermeiermöbeln, Orientteppichen und Flügel strahlt die etwas düstere Atmosphäre aus, die man in bürgerlichen Kreisen als repräsentativ, aber auch »gemütlich« empfindet. Manche Besucher zweifeln daran, dass Einstein sich in dieser Umgebung wohl fühlt, doch als man über der Wohnung im Dachgeschoss ein Studier- und Arbeitszimmer für Einstein einrichtet, ist er zufrieden. Hier in dieses »Turmzimmer«, mit einem Bildnis Isaac Newtons an der Wand, kann er sich zurückziehen, wenn er in Ruhe arbeiten will.

Im Mai 1919 ist es wieder einmal so weit: Die nächste Sonnenfinsternis steht bevor. In Brasilien und auf der portugiesischen Insel Principe vor der westafrikanischen Küste wird man sie besonders gut beobachten können. An eine deutsche Expedition ist so kurz nach Kriegsende nicht zu denken, aber inzwischen sind auch Forscher in England von der Relativitätstheorie fasziniert und schicken gleich zwei Forscherteams. Mit einer guten Portion britischem Sportsgeist will man herausbekommen, wer nun Recht hat: Newton oder Einstein.
Unter der Leitung von Sir Arthur Stanley Eddington, einem der wenigen britischen Verfechter der Relativitätstheorie, kann auf Principe – wieder kommen im entscheidenden Moment Wolken auf – wenigstens eine Fotoplatte korrekt belichtet werden. Und die Expedition in Brasilien muss monatelang warten, um eine brauchbare Vergleichsaufnahme der gleichen Himmelsregion aufnehmen zu können.

Währenddessen erwartet Einstein in Berlin sehnsüchtig die Ergebnisse der Expeditionen. Die »Vossische Zeitung« in Berlin bringt am Tag der Sonnenfinsternis einen Bericht unter dem dramatischen Titel: »Die Sonne bringt es an den Tag«. Amerikanische Forscher dagegen melden entmutigende Resultate: Sie wollen bei der Sonnenfinsternis keine Lichtablenkung festgestellt haben, also auch keinen »Einstein-Effekt«.

Der Sommer vergeht ohne Nachricht und Einstein wird ungeduldig. Er fragt bei einem holländischen Kollegen an, ob der etwas von den Engländern und deren Ergebnissen gehört habe. Dann trifft am 22. September 1919 ein Telegramm von Hendrik Antoon Lorentz aus Holland ein: »eddington fand sternverschiebung am sonnenrand vorlaeufig groesse zwischen neun zehntel sekunde und doppeltem – lorentz«. Einstein hatte eine Abweichung von 1,75 Bogensekunden vorhergesagt, das Messergebnis zwischen 0,9 und 1,8 Bogensekunden – wie Lorentz telegrafiert – wäre also eine grandiose Bestätigung. Das weiß Lorentz zunächst nur vom Hörensagen, alles ist also noch ziemlich unsicher und inoffiziell, aber Einstein meint trocken: »Ich wußte ja, daß die Theorie stimmt.« Und als ihn eine Studentin fragt, wie er reagieren würde, falls seine Theorie nicht bestätigt würde: »Da könnt mir halt der liebe Gott leid tun. Die Theorie stimmt doch.«[3] Er schreibt sofort an seine Mutter eine Postkarte mit dem Jubelausruf: »Heute eine freudige Nachricht«, und informiert auch gleich so manchen Kollegen und Journalisten. Die Sache – eigentlich noch immer nur ein Gerücht – spricht sich herum; von Planck und anderen Kollegen kommen bereits die ersten Glückwünsche. Die alten Kollegen aus Zürich schicken das schöne Gedicht:

Alle Zweifel sind entschwunden,
Endlich ist es nun gefunden:
Das Licht, das läuft natürlich krumm
Zu Einsteins allergrößtem Ruhm![4]

Am 6. November 1919 ist es dann offiziell: In einer gemeinsamen Sitzung der weltweit berühmtesten aller wissenschaftlichen Gesellschaften, der »Royal Society« und der »Royal Astronomical Society« in London, wird äußerst feierlich das Ergebnis der Expeditionen bekannt gegeben. Ein Augenzeuge berichtet: »Schon die Inszenierung hatte dramatische Qualitäten: Das traditionelle Zeremoniell, und im Hintergrund das Porträt Newtons, das uns daran erinnerte, daß die größte aller wissenschaftlichen Verallgemeinerungen nun, nach mehr als zwei Jahrhunderten, ihre erste Modifikation erfahren würde.«[5] Nach der Bekanntgabe der Forschungsergebnisse und einer Diskussion fasst der Präsident der Royal Society die Sensation mit den Worten zusammen: »Es handelt sich nicht um die Entdeckung einer einsamen Insel, sondern um die eines ganzen Kontinents wissenschaftlicher Gedanken. Dies ist das wichtigste Ergebnis im Zusammenhang mit der Theorie der Gravitation seit Newtons Tagen, und es ist nur schicklich, daß es bei einer Sitzung dieser Gesellschaft bekanntgegeben wird ... Das Ergebnis ist eine der höchsten Errungenschaften des menschlichen Denkens.«[6]

Diese pathetischen Worte illustrieren die Bedeutung, die dem Theoriewandel zugemessen wird. Damit ist der Mythos Einstein geboren.

Einsteins Ruhm, der bisher allenfalls unter Physikern Geltung hatte, wird nun durch Journalisten in aller Welt verbreitet. Die Schlagzeilen überbieten sich, und Menschen, die keine Ahnung von Physik und Astronomie haben, feiern einen »Superstar«. Bereits zwei Tage nach der Bekanntgabe meldet die englische »Times« ihren Lesern: »Die Revolution in der Wissenschaft. Einstein gegen Newton«[7]. Und in den USA, wo man bisher Einstein kaum kannte, bricht geradezu eine Welle der Begeisterung aus. Die »New York Times« berichtet am 10. November in einem langen Artikel mit nicht weniger als sechs reißerischen Überschriften: »Lichter am Himmel alle schief – Männer der Wissenschaft alle mehr oder weniger begierig auf die Resultate der Finsternis-Beobachtungen – Einsteins Theorie triumphiert – Sterne nicht dort, wo sie scheinen oder berechnet waren, aber keiner muß sich fürchten – Ein Buch für zwölf weise Männer – Nicht mehr in der ganzen Welt würden es verstehen, sagte Einstein, als es seine mutigen Verleger akzeptierten«. Diese letztere Behauptung entspricht zwar nicht den Tatsachen, aber gerade diese – angebliche – Unverständlichkeit der Theorie Einsteins übt auf die Amerikaner eine besondere Anziehung aus.

Monatelang kann kein anderes Thema in der Weltpresse dieses Ereignis verdrängen. Offenbar wird hier ein Nerv der unmittelbaren Nachkriegszeit getroffen: Einerseits wird die neue Theorie als ein Sieg der Vernunft gegen den Irrsinn von Krieg und Gewalt betrachtet, andererseits bietet das Schlagwort von der »Relativität« Raum für Phantasie und vielfältige Interpretation. Es dauert nicht lange, da geht der Spruch »Alles ist relativ« durch die Welt, und gemeint ist nicht ein physikalisches Gesetz, sondern das Gefühl, dass die Ordnung der Dinge in Frage gestellt ist, dass nichts mehr fest an seinem Platz verharren muss. Das Relativitätsprinzip wird als Sinnbild jenseits der Physik benutzt, um die Relativität von Beobachtungen und Erfahrungen sowie ihre Abhängigkeit vom Beobachter zu betonen.

Auch Einstein selbst benutzt dieses Sinnbild in der Diskussion um seine Biographie und seine Identität. In einem Aufsatz in der »Times« am 28. November 1919 unter der Überschrift *My theory* witzelt er über die Relativität: »Noch eine Art Anwendung des Relativitätsprinzips zum Ergötzen des Lesers: Heute werde ich in Deutschland als ›deutscher Gelehrter‹, in England als ›Schweizer Jude‹ bezeichnet. Sollte ich aber einst in die Lage kommen, als ›bête noire‹ [Dorn im Auge] präsentiert zu werden, dann wäre ich umgekehrt für die Deutschen ein ›Schweizer Jude‹ und für die Engländer ein ›deutscher Gelehrter‹«.[8]

In Deutschland geht nach der Bekanntgabe der revolutionären Neuigkeit alles etwas ruhiger und bedächtiger vor sich. Einige Kollegen schreiben mehr oder weniger sachliche Berichte, bis dann die »Berliner Illustrirte Zeitung« am 14. Dezember auf einer Titelseite ein ganzseitiges Porträt Einsteins veröffentlicht und dazu textet: »Eine neue Größe der Weltgeschichte: Albert Einstein, dessen Forschungen eine völlige Umwälzung unserer Naturbetrachtung bedeuten und den Erkenntnissen eines Kopernikus, Kepler und Newton gleichwertig sind«.

Nun wollen alle Journalisten Einstein sehen und mit ihm sprechen, diesen Kontrast zwischen seiner großen Denkleistung und seiner untypischen Erscheinung auskosten. Einstein macht zunächst auch mit, hat zu jeder Frage eine humorvolle oder spöttische Antwort parat, wird aber schon bald seiner Rolle als Medienstar überdrüssig. Am Weihnachtsabend 1919 schreibt er: »Alles will Artikel, Vortrag, Photographie etc.«[9]

Bei der Abschirmung Einsteins vor einer neugierigen und aufdringlichen Öffentlichkeit übernimmt Elsa eine wichtige Rolle. Wenn Einstein auch scherzt, dass er genau wie das Deutsche Reich nun eine neue Regierung habe, nämlich Elsa, weiß er ihre Tatkraft durchaus zu schätzen. Sie fühlt sich im Gegensatz zu ihm wohl in Getümmel und Öffentlichkeit, lässt sich gerne mit »Frau Professor« anreden und hilft auch hier und da etwas nach, um die Zeitungen mit Anekdoten zu versorgen. Von den Kollegen ihres Mannes wird sie zwar mitunter nicht ganz für voll genommen, doch

Einstein weiß, was er an ihr hat. Sie sorgt für ein ruhiges, ungestörtes Leben in seiner Studierstube; um die Kleinigkeiten des täglichen Lebens – seien sie nun finanzieller oder praktischer Art – muss er sich nicht kümmern. Sie scheint diese Aufgabe einer Aufpasserin mitunter sehr nachdrücklich auszuüben. Einstein lädt einen Besucher mit den warnenden Worten ein: »Lassen Sie sich von meiner Frau nicht abschrecken. Sie ist da, um mich zu beschützen.«[10]

Gegen Ende des Jahres 1919 taucht eine ernste Sorge auf. Einsteins Mutter ist schwer krank, sie liegt mit einer Krebserkrankung in einem Krankenhaus in Luzern und wird auf ihren Wunsch hin von ihrem Sohn in Berlin aufgenommen. Die Pflege übernimmt Elsa, und es ist sicher nicht leicht für sie, die sterbende Schwiegermutter, die ihre Schmerzen nur noch mit Morphium ertragen kann, zu umsorgen. Auch Einstein ist während dieser schrecklichen Zeit unfähig zu arbeiten. Im Februar 1920 stirbt seine Mutter im Alter von 62 Jahren, und ganz gegen seine sonstige Art zeigt Einstein Gefühle. Er trauert tief. Nun wird klar, was für eine enge Beziehung er zu seiner Mutter gehabt hat. Käthe Freundlich, die Frau des befreundeten Astronomen, ist durch diese unerwartete Menschlichkeit geradezu erleichtert: »Denn Einstein weinte, wie andere Menschen auch, und ich wußte, daß er wirklich für jemanden was empfinden konnte.«[11]

Der Rummel um Einstein hat in Deutschland durchaus einen nationalen Unterton. Die deutsche Presse ignoriert seine Schweizer Staatsbürgerschaft, für sie ist das neue Weltbild eine ganz und gar deutsche Errungenschaft. So schreibt das »Volksblatt« aus Berlin-Spandau: ». . . und wenn die alldeutschen Professoren das Ansehen Deutschlands und seinen wissenschaftlichen Ruhm nicht wenig heruntergebracht haben, Einstein hob ihn wieder, erfüllte das Ausland so mit deutscher Gelehrsamkeit, daß man den Erfinder des die Technik und die Physik umwälzenden Relativitätsprinzips geradezu als ein Stück deutscher Valuta bezeichnen kann.«[12] Für eine durch den Krieg und dessen Folgen deprimierte Nation ist nun ein Licht am Ende des Tunnels zu sehen; wenigstens auf wissenschaftlichem Gebiet kann man mit der übrigen Welt mithalten.

Dies hat in der jungen Republik auch eine politische Bedeutung: Die deutschen Gelehrten und Wissenschaftler sind nach dem Kriege isoliert; sie werden nicht in internationale Organisationen berufen, nicht zu Kongressen und Treffen eingeladen. Dieser Boykott wird nur ganz langsam aufgehoben, und so wird Einstein von den deutschen Politikern als Botschafter in Sachen Wissenschaft, aber auch als »Eisbrecher« zur Versöhnung mit dem Ausland eingesetzt.

Einstein selbst profitiert von dem Medienspektakel um seine Person auf andere Art. Er lernt den souveränen Umgang mit Journalisten und wird auch von diesen als interessanter und selbstbewusster Gesprächspartner akzeptiert. Einstein merkt sehr schnell, dass seine Resonanz in der Öffentlichkeit auch für andere Anliegen zu nutzen ist. So wird er in Zukunft die Themen demokratische Entwicklung, internationale Verständigung und Verhinderung von Krieg immer öfter auch öffentlich ansprechen. Es entsteht eine Art Symbiose: So wie die Presse von ihm profitiert, so profitiert er von den Medien.

Das politische Klima in Deutschland ändert sich. Die junge Republik wird von allen Seiten attackiert. In Berlin und anderswo kommt es zu Unruhen und kommunistischen Aufständen, die Reichswehr greift ein, es gibt viele Tote und Verletzte. Mit dem Mord an Karl Liebknecht und Rosa Luxemburg in Berlin beginnt eine lange Reihe von Gewalttaten, die sich über die folgenden Jahre fortsetzen und steigern wird. Im März 1920 inszenieren Ex-Militärs den so genannten »Kapp-Putsch«, der zwar schnell niedergeschlagen wird, aber ein erstes und ernstes Warnzeichen der rechten Seite für den Widerstand gegen die Demokratie ist. Von Einsteins optimistischer Einstellung ist nicht mehr viel übrig. Er berichtet nach Zürich: »Hier sind verworrene Verhältnisse, Korruption und Diktatur des Säbels. Das Militär mordet straflos, trauriges Pack. Die Barbarei ist furchtbar.«[13]

Die Enttäuschung der geschlagenen Militärs, der vermeintliche »Vaterlandsverrat« der Linken und die wirtschaftliche Not erzeugen eine äußerst brisante Mischung aus Fremdenhass und Menschenverachtung. Adolf Hitler wird »Führer« der NSDAP und viele fallen auf die Hetzreden herein. Waren früher »der Franzose« oder »der Engländer« die Sündenböcke, denen der Hass galt, sind es nun die »November-Verbrecher«, also die Menschen, die den sinnlosen Krieg so schnell wie möglich beenden wollten und beendet haben – und »die Juden«. Der schon seit langem latent vorhandene Antisemitismus in Deutschland verschafft sich nun immer mehr Gehör und findet seine Anhänger.

Auch gegen Einstein tauchen plötzlich scharfe Angriffe auf, die sofort für Aufsehen sorgen: Sollte der über alle Maßen gepriesene Gelehrte ein Schwindler sein? So stellt es jedenfalls eine obskure »Arbeitsgemeinschaft deutscher Naturforscher zur Erhaltung reiner Wissenschaft« dar. Antrieb und Wortführer dieser Arbeitsgemeinschaft ist Philipp Lenard, Professor und später mit dem Nobelpreis 1920 ausgezeichnet, also auf dem Höhepunkt seines Ruhms. Lenard ist ein fanatischer Gegner Einsteins, vielleicht auch deswegen, weil er wohl die Stelle Einsteins als führender Physiker für sich beansprucht. Er ist Antisemit und scheut sich nicht, die übelsten Vorurteile zu verkünden: Die ganze Einstein-Theorie sei »typischer Judenbetrug«, »Blendwerk«, »Reklamesucht«, »Massensuggestion« und dazu noch – nicht ganz logisch – »Plagiat«. Höhepunkt der Vorwürfe: Die Relativitätstheorie sei wissenschaftlicher Dadaismus.

Eine dieser Hetzveranstaltungen in Berlin findet in Anwesenheit Einsteins statt, der zunächst noch amüsiert lächelt, dann aber in seiner Erwiderung in der Zeitung ungewöhnlich scharf mit seinen »Gegnern« abrechnet. Einstein ist offenbar doch tiefer getroffen, als er zugeben will. Und so lässt er seiner Verärgerung freien Lauf und übertreibt nun wieder seinerseits, als er Lenard jegliche physikalische Kenntnis abstreitet. Immerhin hat Einstein (noch) so viel Rückhalt, dass viele Kollegen wie Max Planck oder Walther Nernst, aber auch Nicht-Physiker wie der Schriftsteller Stefan Zweig oder der Theaterregisseur Max Reinhardt öffentlich für Einstein Partei ergreifen. In einem auf Lenard und seine Mitstreiter gemünzten Spottgedicht wird ein »Hetzprofessor« so zitiert:

Fort mit der Judenrepublik!
Wir fordern Nationalphysik.
Auch die Mathematik verlangen
Wir nach völkischen Belangen
Sei's integral, differential,
In erster Linie national![14]

Die Attacken von rechts gegen Einstein bewirken allerdings das Gegenteil von dem, was sie eigentlich beabsichtigen. Die zahlreichen Bücher über Einstein und zur Relativitätstheorie erreichen daraufhin große Auflagen. »Jeder Kutscher und jeder Kellner« diskutiert das Thema, wie Einstein bemerkt. So wird allein im Jahr 1920 sein Buch zur Relativitätstheorie – das »gemeinverständliche« – 45 000 Mal verkauft (vorher hatte es nicht einmal eine Auflage von 10 000). Das Buch wird auch in englischer Übersetzung – mit dem Zusatz *popular* – ein großer Erfolg. Ganz nebenbei verdient Einstein ordentlich; für ein verkauftes Buchexemplar erhält er ein Honorar von gut einer Mark.

Durch seine Popularität wird Einstein im Ausland zu einem gern gesehenen Gast. Er reist zu Vorträgen nach Dänemark, Holland, Österreich, in die neu gegründete Tschechoslowakei und nach Spanien. Damit spielt er eine wichtige Rolle bei der Normalisierung der diplomatischen Beziehungen zu den Nachbarn Deutschlands. Obwohl nie »offiziell« und mit einem Auftrag versehen, kann er als unbelasteter Wissenschaftler umso besser die Rolle eines »Botschafters« erfüllen. Und die deutschen Außenpolitiker erkennen sehr wohl, dass man mit dem Professor Politik treiben kann. Zudem ist Einstein mit dem späteren Außenminister Walther Rathenau befreundet, dessen Friedenspolitik er sehr schätzt. In diesem Sinne berichtet auch die deutsche Botschaft in London am 2. September 1920 nach Berlin: »Die englischen Blätter haben die Nachrichten von heftigen Angriffen gegen den bekannten Physiker Prof. Einstein wiedergegeben. Die heutige ›Morning Post‹ bringt sogar die Notiz, daß Prof. Einstein beabsichtige, Deutschland zu verlassen und nach Amerika überzusiedeln. Wenn man auch in England wohl weiß, daß der Prophet in seinem eigenen Lande nicht gilt, so machen doch die Angriffe auf Prof. Einstein und die Hetze gegen die bekannten Gelehrten hier einen sehr schlechten Eindruck. Prof. Einstein ist gerade im gegenwärtigen Augenblick für Deutschland ein Kulturfaktor ersten Ranges.«[15]

In der Tat spielt Einstein mit dem Gedanken, Deutschland zu verlassen. Insbesondere die politischen Unruhen lassen ihn daran zweifeln, ob Deutschland noch der richtige Ort für ihn ist. Und attraktive Angebote erhält er ständig aus aller Welt. Dass er nun verstärkt im Ausland – gegen Honorar – auftritt, hat noch einen anderen Grund: Die Inflation und Geldentwertung nimmt in Deutschland immer bedrohlichere Ausmaße an. Einstein muss aber den Unterhalt für seine geschiedene Frau und die Söhne in die Schweiz überweisen, wo der Wechselkurs zur deutschen Mark von Tag zu Tag ungünstiger wird, und so sind ihm Honorare in ausländischen Währungen höchst willkommen. Dass er dabei im Gegensatz zu seinem sonstigen Image als zerstreuter Professor durchaus geschäftstüchtig ist, zeigt seine Reaktion auf eine Einladung aus den USA: »Ich habe von der Princeton- und der Wisconsin-Universität je 15 000 Dollar verlangt. Wahrscheinlich wird es sie abschrecken. Aber wenn sie in den sauren Apfel beißen, so erkaufe ich mir tatsächlich die ökonomische Freiheit, was gar nicht zu verachten wäre.«[16] 15 000 Dollar bekommt ein Spitzenwissenschaftler zu dieser Zeit nicht einmal als Jahresgehalt.

Die Universität Princeton handelt ein niedrigeres Honorar aus, was Einstein dann auch akzeptiert. Es wird eine Reise in die USA vorbereitet, die im März 1921 in Holland auf dem Überseedampfer »Rotterdam« beginnt und die neben den wissenschaftlichen Vorträgen noch ein weiteres Ziel verfolgt: In England steigt Chaim Weizmann mit einer zionistischen Delegation an Bord, und Einstein hat eine Woche Zeit, mit Weizmann über wissenschaftliche, vor allem aber über politische Fragen zu diskutieren. Was die wissenschaftlichen Themen betrifft, fasst Weizmann das Ergebnis trocken so zusammen: »Auf der Überfahrt hat mir Einstein täglich seine Theorie erklärt, und bei der Ankunft war ich überzeugt, daß er sie verstanden hatte.«[17]

Der Hauptgrund für diese Reise ist es aber, Werbung für die zionistischen Anliegen zu machen. Dabei ist sich Einstein über die Rolle, die er dabei spielt, durchaus im Klaren. Er schreibt seinem Freund Maurice Solovine: »Ich gehe gar nicht gern nach Amerika, sondern tue es nur im Interesse der Zionisten, die für die Bildungsanstalten in Jerusalem Dollars erbetteln müssen, wobei ich als Renommierbonze und Lockvogel dienen muß . . . Andererseits tue ich, was ich nur kann, für meine Stammesbrüder, die überall so gemein behandelt werden.«[18]

Einstein hatte sich bei seiner ersten Begegnung mit dem Zionismus in Prag zehn Jahre zuvor eher desinteressiert und reserviert verhalten, doch inzwischen haben die antisemitischen Ausfälle bei ihm zu einem Sinneswandel geführt. Später hat Einstein sich an diese Zeit des Umdenkens so erinnert: »Die Juden sind eine Bluts- und Traditionsgemeinschaft, bei der die Religion keineswegs das einzige Bindende ist. Dies beweist schon die Haltung der übrigen Menschen gegen die Juden. Als ich vor fünfzehn Jahren nach Deutschland kam, entdeckte ich erst, daß ich Jude sei, und diese Entdeckung wurde mehr durch Nichtjuden als durch Juden vermittelt.«[19] Einstein wird nie zur jüdischen Religion seiner Vorfahren zurückfinden, aber umso mehr die Zusammengehörigkeit mit seinen »Stammesbrüdern« suchen.

Und so unterstützt Einstein die Schaffung eines jüdischen Staates in Palästina. Ihm liegt insbesondere daran, bei der Gründung einer Universität in Jerusalem behilflich zu sein. Zu diesem Zweck hält er auf seiner Amerika-Reise dutzende von Vorträgen und speist auf exklusiven Festessen. Die dabei gesammelten Spenden fallen so reichlich aus, dass man sofort die Planung der »Hebräischen Universität Jerusalem« unterstützen kann.

Daneben hält Einstein Vorträge in New York und Washington sowie Vorlesungen über seine Relativitätstheorie an der Universität von Princeton – in deutscher Sprache und trotzdem in überfüllten Hörsälen. Als man ihm dort vorhält, dass neuere Forschungsergebnisse möglicherweise seiner Theorie widersprechen, antwortet er: »Raffiniert ist der Herr Gott, aber boshaft ist Er nicht.«[20] Die Professoren in Princeton sind von diesem Spruch so beeindruckt, dass sie ihn im Mathematischen Institut am Kamin in Stein meißeln lassen.

Nach der strapaziösen zweimonatigen Amerika-Tour macht Einstein auf der Rückreise noch einen Besuch in England, wieder mit Vorträgen und Interviews, mit Wohltätigkeitsveranstaltungen für die Kriegsopfer und Auszeichnungen für seine Arbeiten. Bei einem Besuch in der Londoner Westminster Abbey legt Einstein Blumen am Grab Isaac Newtons nieder.

Zurück in Berlin, hält es Einstein nicht lange zu Hause. Nach einem Badeurlaub an der Ostsee mit seinen beiden Söhnen, zu denen er inzwischen ein gutes Verhältnis aufgebaut hat, besucht er in Kiel den Unternehmer Hermann Anschütz-Kaempfe, um zur Abwechslung einmal praktisch zu arbeiten. Die beiden verstehen sich sehr gut, segeln gern zusammen und Einstein entwirft einen neuartigen Kreiselkompass. Dieser wird für die Schifffahrt benötigt, denn ein normaler Kompass versagt bei starkem Seegang, während ein Kreiselkompass die Auswirkungen der Schlingerbewegungen des Schiffes dämpft. Diese Arbeit macht ihm viel Spaß, und er beweist, dass er auch handfeste Konstruktionsarbeiten durchführen kann; sogar am Deutschen Reichspatent Nr. 394 667 ist er beteiligt.

Im Herbst besucht er mit dem inzwischen 17-jährigen Sohn Hans Albert Italien und hält in Bologna einen Vortrag auf Italienisch; sein Kommentar: »Die Armen!« Danach ist die holländische Universität Leiden sein Ziel, wo er eine Gastprofessur ausübt. Überall gibt es Ehrungen: Mehrere Ehrendoktorhüte werden ihm verliehen, und er wird in den Orden »Pour le mérite für Wissenschaften und Künste« aufgenommen, in dem 30 deutsche Geistesgrößen Mitglieder sind, unter anderem Max Liebermann und Gerhart Hauptmann.

Einsteins ständige Reisen sind möglicherweise eine Reaktion auf die unsichere politische Lage in Berlin. Je öfter und länger er im Ausland ist, desto weniger ist er Anfeindungen und Angriffen ausgesetzt.

Im Frühjahr 1922 besucht Einstein auf einer sorgfältig vorbereiteten Reise den ehemaligen »Erbfeind« Frankreich. Zunächst wird ihm in Paris nicht nur Sympathie entgegengebracht, aber durch seine überzeugenden Vorträge und seine ehrlichen Äußerungen zur Aussöhnung nimmt er die französische Bevölkerung für sich ein. Auch hier gelingt es ihm, als Botschafter der Wissenschaft und eines neuen Deutschlands politisch zu wirken. Er selbst ist jedenfalls ganz begeistert und berichtet seiner Frau nach Berlin: »Auch habe ich in politischer Beziehung nur ruhige Betrachtung der Dinge und guten Willen zur Verständigung gefunden, unvergleichlich besser, als ich erwartet hätte. Morgen geht es im Auto nach den Kriegsruinen.«[21] Gemeint sind damit die Schlachtfelder des Ersten Weltkriegs, die übrig gebliebenen Trümmer des gnadenlosen Materialkriegs. Einstein ist tief beeindruckt und wird in seiner pazifistischen Einstellung bestärkt. Zurück in Berlin, tritt er dann auch erstmals in einer größeren Veranstaltung bei einer deutsch-französischen Kundgebung auf und bekennt sich öffentlich zum Pazifismus.

Manche dieser Aktivitäten Einsteins stoßen bei seinen Kollegen auf Unverständnis und Ablehnung. Zu ungewöhnlich ist diese Rolle eines – zudem noch verhältnismäßig jungen – Wissenschaftlers in der politischen Welt. Professoren sind damals eher konservativ und zurückhaltend und rümpfen über Einstein die Nase; sie halten sein Handeln für nicht standesgemäß und lassen ihn dies mitunter auch spüren. Aber darüber lächelt Einstein nur.

Ernst, richtig ernst wird es kurze Zeit später. Die Politik Rathenaus wird von rechten Kreisen als »Erfüllungspolitik« diffamiert. Das an sich Selbstverständliche – nämlich die »Erfüllung« der Friedensverträge wie des Versailler Vertrags – wird von vielen unzufriedenen Deutschen als Landesverrat eingeordnet. Und nach dem gängigen Muster wurde Rathenau zusätzlich als Jude angegriffen. Der einst mächtige Geschäftsführer der weltberühmten AEG und Repräsentant der deutschen Wirtschaftsmacht wird nun zu einem Objekt des Hasses von rechts. Am 24. Juni 1922 wird Walther Rathenau – inzwischen deutscher Außenminister – auf offener Straße in Berlin-Grunewald in seinem Auto erschossen. Mit Rathenau verliert Einstein einen Freund, mit dem er oft diskutiert hat und dessen Politik er ausdrücklich unterstützte. Einstein schreibt in der »Neuen Rundschau« einen Nachruf auf ihn, sieht sich aber auch persönlich bedroht. Nach diesem Attentat kocht die Gerüchteküche, und es werden Warnungen laut, dass Einstein auf einer schwarzen Liste stehe.

Einstein überlegt nun ernsthaft, ob er noch länger in Deutschland bleiben soll. Er sagt öffentliche Termine ab, zieht sich aus Kommissionen und Ehrenämtern zurück. An Freunde schreibt er: »Ich bin nämlich von Seiten durchaus ernst zu nehmender Menschen (von mehreren unabhängig) davor gewarnt worden, mich in der nächsten Zeit in Berlin aufzuhalten und insbesondere davor, irgendwie in Deutschland öffentlich aufzutreten.«[22] Und: »Hier sind erregte Zeiten seit dem abscheulichen Mord an Rathenau. Ich werde auch immer gewarnt, habe mein Kolleg aufgegeben und bin offiziell abwesend.«[23]

Im Sommer meidet er die Öffentlichkeit weitgehend und mietet an der Scharfen Lanke, einem Teil der Havel in Berlin-Spandau, einen kleinen Garten mit Laube und Platz für ein kleines Segelboot. Er lässt sich zwar von Marie Curie zur Mitarbeit in der »Kommission für intellektuelle Zusammenarbeit« des Völkerbundes überreden, fährt aber nicht zu den Sitzungen.

Einstein ist froh, als er aus Japan eine Einladung zu einer Vortragsreise bekommt. Gutes Honorar ist auch zugesagt, so dass er auf sein Gehalt, das wegen der inzwischen galoppierenden Inflation ohnehin kaum noch etwas wert ist, gut verzichten kann. Diese Reise wird auf ein halbes Jahr geplant und entwickelt sich zu einer Weltreise. In Marseille betritt er mit Elsa einen japanischen Dampfer, mit dem die Reise geruhsam über viele Stationen in Indien, über Singapur und China nach Japan führt. Rummel gibt es zwar auch hier in den Häfen, die er besucht, aber inzwischen ist er routiniert und gelassen. Die Fahrt in einer Rikscha auf Ceylon gefällt ihm zwar zunächst nicht so gut, aber er findet sich damit ab. In sein Reisetagebuch notiert er: »Ich habe mich sehr geschämt, an einer so abscheulichen Menschenbehandlung mitschuldig zu sein, konnte aber nichts ändern. Denn diese Bettler in Königsgestalt stürzen sich scharenweise auf jeden

Fremden, bis er vor ihnen kapituliert hat. Sie verstehen zu flehen und zu betteln, dass einem das Herz wackelt.«[24]

Vor Beginn dieser Reise hatte Einstein von einigen Bekannten – so auch von dem Physiker Max von Laue – Hinweise bekommen, eine so lange Reise zu diesem Zeitpunkt sei unpassend und Einsteins Anwesenheit in Europa gerade im Monat November wünschenswert. Einstein wird nicht lange gerätselt haben, worum es sich hier handeln könnte. Aber typisch für ihn: Er fährt trotzdem. Und so wird am 9. November 1922 in Stockholm bekannt gegeben, dass Albert Einstein den Nobelpreis erhält. Einmalig in der Geschichte der Wissenschaft ist, dass ein Geehrter sich zu dieser Zeit im Chinesischen Meer zwischen China und Japan aufhält und nicht daran denkt, die Reise zu unterbrechen und zur Preisverleihung Anfang Dezember zum schwedischen König zu eilen.

Einstein war seit 1910 immer wieder für den Nobelpreis für Physik nominiert worden und bereits 1921 hätte er ihn erhalten sollen. Aber die Jury konnte sich nicht einigen und so erhält er den Preis nun rückwirkend für das Jahr 1921. Nicht für seine Relativitätstheorie wird er ausgezeichnet, obwohl gerade diese solches Aufsehen erregt hat. Preiswürdig ist die Entdeckung des »Photoelektrischen Effekts«, also jene Arbeit aus dem Jahre 1905, die die Lichtquanten-Hypothese beschreibt und die Doppelnatur des Lichts als Welle und Teilchen aufdeckt.

Der in Kopenhagen als Professor für Physik lehrende Niels Bohr erhält gleichzeitig mit Einstein den Physik-Nobelpreis – aber für das Jahr 1922. Er hatte – aufbauend auf den Arbeiten von Max Planck und Albert Einstein – ein Modell für das Atom entworfen und damit die moderne Atomtheorie begründet. Niels Bohr und Einstein hatten sich in den vergangenen Jahren näher kennen gelernt; Bohr hatte die Einsteins in Berlin besucht, umgekehrt war Einstein in Dänemark gewesen. Inzwischen sind die beiden enge Freunde. Bohr gratuliert dem in Japan weilenden Einstein brieflich mit der Bemerkung, er freue sich besonders darüber, dass Einstein den Preis erhalte, »bevor ich zu einer solchen Ehre in Betracht gezogen wurde«. Und Einstein antwortet auf der Rückreise: »Lieber oder vielmehr geliebter Bohr! Ihr herzlicher Brief traf mich kurz vor der Abreise in Japan. Ich kann ohne Übertreibung sagen, dass er mich ebenso freute wie der Nobelpreis. Besonders reizend finde ich Ihre Angst, Sie könnten den Preis vor mir bekommen – das ist ächt bohrisch.«[25]

Die Verleihung des Nobelpreises gerät zu einer kuriosen Posse mit ernstem Hintergrund. In Abwesenheit eines Preisträgers nimmt üblicherweise der Botschafter des Heimatlandes den Preis entgegen. So teilt der deutsche Botschafter also der Schwedischen Akademie mit, dass er bei der Verleihung den deutschen Gelehrten Einstein vertreten will. Kurze Zeit darauf meldet sich der Schweizer Gesandte mit dem gleichen Anliegen, denn »Einstein ist Schweizer Bürger.« Hektische Telegramme zwischen Stockholm und Berlin und die unmissverständliche Erklärung: »Einstein ist Reichsdeutscher«. Der Schweizer Gesandte gibt nach und König Gustav Adolf überreicht feierlich die Urkunde an den deutschen Botschafter.

Unglücklicherweise geht zwei Tage später die offizielle Mitteilung des deutschen Auswärtigen Amtes ein, Einstein sei doch Schweizer. Der deutsche Botschafter ist entsetzt und versucht alles, um diese Nachricht geheim zu halten. Er berichtet nach Berlin: »Ich möchte dringend bitten, auch dort über die schweizerische Staatsangehörigkeit Einsteins möglichst kein Wort zu verlieren.«[26] Man hält dicht und findet eine komplizierte Konstruktion, nach der Einstein zwar Schweizer Bürger sei, aber in Wirklichkeit durch seinen Amtseid als Beamter und Professor die deutsche Staatsangehörigkeit besitze. Einstein wird also – ohne dass man ihn dazu befragt – zum »Reichsdeutschen« und Preußen.

Von all dem bekommt Einstein in Japan nichts mit. Er feiert hier Triumphe über Triumphe. Die deutsche Botschaft berichtet: »Bei den Besuchen des Prinzen von Wales und des Feldmarschalls Joffre war höfisches und militärisches Gepränge . . . Bei dem Empfang Einsteins war von alledem nichts, umsomehr beteiligte sich das gesamte japanische Volk, vom höchsten Würdenträger bis zum Ricksha-Kuli, spontan, ohne Vorbereitung und ohne Mache! Bei Einsteins Ankunft in Tokio war eine solche Menge von Menschen an der Bahn, daß die Polizei machtlos das lebensgefährliche Gedränge dulden mußte.«[27]

Nach vielen Vorträgen – gegen drei Yen Eintritt – und vier Wochen kreuz und quer durch Japan ist Einstein begeistert von den Menschen dieses Landes: »In Japan war es wundervoll. Feine Lebensformen, lebendiges Interesse für alles, intellektuelle Naivität bei gutem Verstand – ein feines Volk in einem malerischen Land.«[28]

Auf der Weiterreise besuchen die Einsteins Palästina, das im Ersten Weltkrieg von den Engländern erobert worden war und nun britisches Mandatsgebiet ist, wobei die Ansiedlung jüdischer Einwanderer ein erklärtes Ziel ist. Die orthodoxen jüdischen Betenden in Jerusalem versteht Einstein nicht, er notiert in sein Reisetagebuch: »Dann hinunter zur Tempelmauer (Klagemauer), wo stumpfsinnige Stammesbrüder laut beten, mit dem Gesicht der Mauer zugewandt, den Körper in wiegender Bewegung vor und zurück bewegend. Kläglicher Anblick von Menschen mit Vergangenheit ohne Gegenwart.«[29]

Aber von der Aufbauarbeit der jüdischen Menschen ist Einstein beeindruckt. In Tel Aviv merkt er an: »Die

Tätigkeit der Juden in wenigen Jahren in dieser Stadt erregt die höchste Bewunderung. Moderne hebräische Stadt aus dem Boden gestampft mit regem wirtschaftlichen und geistigen Leben. Ein unglaublich reges Volk, unsere Juden!«[30]

Der Höhepunkt dieses Besuches ist sein Vortrag in der Hebräischen Universität in Jerusalem. Am 7. Februar 1923 hält er auf dem Mount Scopus in einem provisorisch hergerichteten Saal eine Vorlesung zur Relativitätstheorie und wird vom Versammlungsleiter so begrüßt: »Vor dreitausend Jahren baute König Salomo das Haus des Herrn der Welt auf dem Berge Moriah, und er betete in seinem ersten Gebet dafür, daß es das Haus des Gebets für alle Völker werden möge. Wenn wir jetzt dieses Haus bauen, dann beten wir, daß es das Haus der Wissenschaft für die ganze Welt werden möge. Professor Einstein, bitte treten Sie an den Ort, der zweitausend Jahre auf Sie gewartet hat.«[31] Obwohl die »Hebräische Universität Jerusalem« erst einige Jahre später offiziell gegründet wird, gilt das Datum dieser Vorlesung Einsteins als ihr Gründungsdatum.

Über Frankreich und Spanien geht es dann per Schiff zurück und Mitte März 1923 betritt Einstein endlich wieder deutschen Boden. Hier wird ihm die Urkunde und Medaille zum Nobelpreis durch den schwedischen Gesandten überreicht; die Geldprämie wird gleich in die Schweiz überwiesen. Bei Mileva sorgt allerdings für Unmut, dass Einstein das Geld fest anlegt, so dass sie nur über die Zinsen verfügen kann. Später werden von dem Geld drei Häuser in Zürich gekauft, von deren Mieteinnahmen Mileva und die Kinder dauerhaft leben können. Am 11. Juli 1923 wird dann der Nobel-Vortrag in Göteborg nachgeholt. Der König und 2000 Zuhörer lauschen Einsteins Ausführungen zu seinem Dauerthema – der Relativitätstheorie.

Die politische Situation hat sich während seiner langen Reise nicht verbessert. Es gibt wieder Gerüchte, Attentate und Morddrohungen, zumal sich Einstein bei der Gründung der »Gesellschaft der Freunde des Neuen Rußland« beteiligt und sich dadurch weitere Feinde macht. So taucht er erst einmal unter und verbringt die nächsten Monate in Holland. Dies wird geheim gehalten, und die Presse vermutet ihn an allen möglichen Orten, sogar in Moskau oder St. Petersburg. Kurz vor Weihnachten gibt er seine »fröhliche Verbannung« auf und kehrt nach Berlin zurück.

Die Lage beruhigt sich in Deutschland langsam. Mit Gustav Stresemann wird ein Mann in die Regierung berufen, der es versteht, mit einer großen Koalition politische Beruhigung und mit der Besiegung der Inflation auch eine wirtschaftliche Stabilisierung einzuleiten. Die Weimarer Republik tritt in eine Phase ein, die wieder zu mehr Optimismus berechtigt.

Einstein als Star
Ein Turm für Einstein und Quanten als Konkurrenz
1924–1928

Nach der Entwicklung der Allgemeinen Relativitätstheorie hatte Einstein sich bereits 1915 an das Kultusministerium gewandt, um endlich ein eigenes Institut zu erhalten. Dort sollten Experimente durchgeführt werden, um die Theorie zu untermauern. Erst nach dem Krieg war es dann so weit, dass Erwin Freundlich – der glücklose Reisende zur Sonnenfinsternis – mit unermüdlichem Einsatz staatliche und private Mittel für einen Bau organisieren konnte. Freundlich erhält 1920 eine Berufung zum Leiter des neu gegründeten »Einstein-Instituts« und auf dem Telegrafenberg in Potsdam wird ein spektakulärer Bau in Angriff genommen. Nach vier Jahren Bauzeit ist der Einstein-Turm fertig gestellt und dient seitdem als Forschungsstätte des Astrophysikalischen Observatoriums.

Dieser Turm ist eigentlich die Schutzhülle für ein Turmteleskop, einen Heliostaten – wörtlich ein »Sonnensteller«. Das ist ein Apparat zur Beobachtung der Sonne, bei der ein durch ein Uhrwerk gesteuerter Spiegel so bewegt wird, dass die auf ihn fallenden Sonnenstrahlen trotz des Weiterrückens der Sonne immer nach der gleichen Richtung zurückgeworfen werden. Beim Einstein-Turm wird das Sonnenlicht vom Spiegel an der Spitze des Turms in das Untergeschoss gelenkt und kann dort beobachtet und analysiert werden.

Der Turm sollte eigentlich Beweise für Einsteins Theorien liefern, insbesondere für die so genannte »Rotverschiebung« des Sonnenlichts. Eine der Vorhersagen aus Einsteins Theorie ist nämlich, dass aufgrund der Gravitation das Licht, das uns von der Sonnenoberfläche erreicht, eine längere Wellenlänge hat als Licht, das beispielsweise auf der Erde ausgestrahlt wird. Rotverschiebung heißt dieser Effekt deshalb, weil die Farben im Spektrum verschiedene Wellenlängen besitzen. So sieht man zum Beispiel im Regenbogen die Farben Purpur, Rot, Orange, Gelb, Grün, Blau und Violett, wobei die Wellenlängen der Farben in dieser Folge immer kürzer werden. Der Nachweis der Rotverschiebung gelingt mit der damaligen Technik des Heliostaten nicht; Edward Hubble entdeckt 1929 diesen Effekt, und erst nach Einsteins Tod kann der deutsche Physiker Rudolf Ludwig Mößbauer präzise Messungen durchführen, die ihm zum Nobelpreis für Physik des Jahres 1961 verhelfen sollten.

Berühmt aber wird der Turm durch die unkonventionelle Bauweise des Architekten Erich Mendelsohn, der hier eines der bedeutendsten Bauwerke des Expressionismus geschaffen hat. Der Bau wirkt wie ein aus Beton gegossenes Kunstwerk und ist neben seinem wissenschaftlichen Zweck auch als Monument für Einsteins Relativitätstheorie gedacht. Der Einstein-Turm wird eine neue Attraktion in Potsdam und die Besucher strömen in Massen herbei. Ein Mitarbeiter erinnert sich so: »Zu meiner Enttäuschung mußte ich entdecken, daß die Besucher sich nicht so sehr für Astronomie interessierten oder gar für Einsteins berühmte Theorie. Die Besucher wollten das neue interessante Gebäude sehen, die berühmte Architektur, die Kontroversen auslöste.«[1]

Einstein arbeitet in dem Turm so gut wie nie; sein »Institut« besteht eigentlich nur auf dem Papier. Obwohl der Turm die von ihm erhofften Ergebnisse nicht erbracht hat, wird er auch heute noch als Ausbildungsinstrument der Potsdamer Wissenschaftler genutzt.

Einstein genießt derweilen in Berlin seinen Ruhm und seine Popularität. Er lernt viele Künstler, Politiker und Schriftsteller kennen, geht in den Häusern des Außenministers Gustav Stresemann, des Dramatikers Gerhart Hauptmann oder des Verlegers Samuel Fischer ein und aus. Der berühmte Maler Max Liebermann porträtiert Einstein auf einem Ölgemälde, von dem der Physiker aber nur halbwegs überzeugt zu sein scheint. Er kommentiert: »Ich fand, daß das Bild ihm ähnlicher war als mir.«

Die Bankette, Festessen und Empfänge sind jedoch nicht immer nach Einsteins Geschmack, zumal er nach wie vor die gesellschaftlichen Zwänge verachtet und schon mal in Schnürstiefeln zum Frack auftritt. Aber zu vielen dieser Persönlichkeiten entwickelt sich doch so etwas wie eine lockere Freundschaft. So wie Max Liebermann es später formulieren wird – »der Mann, den ich am höchsten auf der Welt achte – Einstein« –, empfinden wohl viele. Einstein fasziniert die Menschen durch seine unkonventionelle, direkte und eigenwillige Art.

Einstein ist mit seinen Anfang vierzig ein attraktiver und liebenswürdiger Mann, der von einem Besucher so geschildert wird: »Einstein ist groß (etwa 1,76 Meter), mit breiten Schultern und einem kaum gebeugten Rücken. Sein Kopf – dieser Kopf, in dem die Wissenschaft von der Welt neu geschaffen wurde – erregt sofort andauernde Aufmerksamkeit ... Der stärkste Eindruck aber ist der einer verblüffenden Jugendlichkeit, sehr romantisch und in gewissen Momenten unwiderstehlich an den jungen Beethoven erinnernd ... Und dann bricht plötzlich Lachen hervor und man hat einen Studenten vor sich.«[2]

Besonders unwiderstehlich wirkt er offenbar auf die Frauen seiner Umgebung. Und so gibt es bald manche Affäre, die die Stimmung zu Hause arg belastet. Als Elsas Tochter Ilse heiratet, die für ihren Stiefvater gelegentlich Hilfsdienste verrichtet hatte, wird als Sekretärin Betty Neumann eingestellt. Sie ist für Einstein offenbar mehr als nur ein kleiner Flirt und er entwickelt heftige Gefühle. Ende 1924 machen ihm seine

Familie und Freunde resolut klar, dass es mit der »großen Liebe« wohl nichts werden kann, wenn die Ehe mit Elsa Bestand haben soll. Er schreibt daraufhin resigniert an Betty, »er müsse in den Sternen suchen, was ihm auf der Erde versagt sei«. (Der Briefwechsel der beiden ist bisher nicht veröffentlicht.)

Die Stieftochter Ilse heiratet Rudolf Kayser, den Herausgeber der »Neuen Rundschau«, einer der renommiertesten Zeitschriften in der Weimarer Republik. Mit Kayser kommt Einstein sehr gut aus. Sie haben ähnliche politische Ansichten und sind sich einig in der Trauer um Walther Rathenau. Als Kayser allerdings unter Pseudonym eine Einstein-Biographie schreibt, ist Einstein doch etwas besorgt wegen der intimen Kenntnisse seines Schwiegersohns und setzt durch, dass das Buch nur in englischer Sprache veröffentlicht wird.[3]

Im Dezember 1924 gelingt Einstein noch einmal eine große Entdeckung. Aufbauend auf den Arbeiten des Inders Satyendranath Bose, findet Einstein heraus, dass Moleküle bei sehr tiefen Temperaturen kondensieren, also eine neue Art von Materie bilden, die es normalerweise auf der Erde nicht gibt. Werden Moleküle auf eine Temperatur nahe dem absoluten Nullpunkt, also auf minus 273 °C, abgekühlt, entsteht ein so genanntes Bose-Einstein-Kondensat. Die Materie wird zu einer »Quantensuppe« mit ununterscheidbaren Atomen. Neu ist dabei die Erkenntnis, dass nicht nur Licht gleichzeitig Welle und Materie ist, sondern auch Materie unter bestimmten Bedingungen diese Eigenschaft annehmen kann. Genauer gesagt: Einstein kann diese Eigenschaften nur voraussagen, denn es ist damals noch nicht möglich, die erforderlich tiefen Temperaturen zu erzeugen.

Diese Entdeckung wird nicht sonderlich beachtet, auch Einstein hat sich in der Folge damit nicht mehr beschäftigt. Viele Jahre später wird sich jedoch ein großer Teil der physikalischen Forschung um dieses Phänomen drehen. Erst 1995 gelingt es dem deutschen Physiker Wolfgang Ketterer, dieses Kondensat experimentell herzustellen. Er schafft es, Temperaturen von einem millionstel Grad über dem absoluten Nullpunkt zu erzeugen, und bekommt dafür im Jahre 2001 den Nobelpreis.

Heute ist das Interesse der Physiker an diesem Kondensat deshalb so groß, weil sich aus der praktischen Umsetzung ungeahnte Erfindungen ergeben könnten. Eine Perspektive ist der Atomlaser, der – im Prinzip wie ein Laserdrucker – kleinste Strukturen auf einen Chip auftragen könnte. Selbst die Entwicklung eines Quantencomputers, der Traum vieler Forscher, rückt mit Einsteins Entdeckung in greifbare Nähe. Denn die Miniaturisierung der gegenwärtigen Computer stößt zunehmend an technische Grenzen; irgendwann wird es nicht mehr möglich sein, immer kleinere Schaltungen und Strukturen auf einem Chip unterzubringen.

Mit dem Quantencomputer, bei dem unvorstellbar kleine Moleküle zu Schaltelementen werden, eröffnen sich neue Möglichkeiten. Das Bose-Einstein-Kondensat ist ein schönes Beispiel dafür, wie Einsteins Ideen nach Jahrzehnten plötzlich wieder zu Ehren kommen und ganze Forschungszweige beflügeln.

Im Frühjahr 1925 verlässt Einstein für drei Monate Deutschland, um wieder einmal eine große Reise in einen fernen Erdteil anzutreten. Von Hamburg aus fährt er mit dem Überseedampfer nach Buenos Aires – diesmal ohne die Begleitung seiner Frau Elsa. Vielleicht will er nach der Enttäuschung mit Betty Neumann auch im Privatleben ein wenig Abstand gewinnen. Die ursprünglich als Reisepartnerin vorgesehene Stieftochter Margot wird krank und muss absagen. Und so tröstet er sich mit der Schriftstellerin Else Jerusalem, für die er einen amüsanten Namen findet und mit der er offenbar viel Spaß hat. Er notiert: »Necke mich viel mit Pantherkatze, die mich unausgesetzt ergründet.«[4]

In Argentinien wird er herzlich empfangen, auch von den dort lebenden Auslandsdeutschen, die einem Gegner des Nationalismus sonst eher reserviert gegenüberstehen. Einstein schreibt dazu lakonisch in sein Reisetagebuch: »Drollige Gesellschaft, diese Deutschen. Ich bin ihnen eine stinkende Blume und sie stecken mich doch immer wieder ins Knopfloch.«[5]

Die Reise geht weiter nach Uruguay und Brasilien. Auch dort wird er überall bei Vorträgen und Vorlesungen gefeiert und ist wieder einmal der »deutschen Sache« nützlich, wie es der Botschafter in Montevideo nach Deutschland berichtet.

Als Einstein im Juni 1925 zurück nach Berlin kommt, wird er mit einer neuen wissenschaftlichen Frage konfrontiert. Der junge, gerade einmal 24-jährige Werner Heisenberg hatte auf Helgoland einen weit reichenden Einfall: Er legte den Grundstein für die »Quantentheorie«, die er dann später mit seiner berühmten »Unschärferelation« krönen wird. Diese Theorie besagt, dass beim Verhalten von Atomen und Molekülen unsere alltäglichen Gesetze und Erfahrungen nicht mehr gelten.

In der Quantenphysik kann selbst theoretisch der Zustand eines Systems nicht mehr vollständig aus den Ausgangsbedingungen abgeleitet werden. Selbst bei genauester Messung sind bestimmte Dinge nicht mehr mit Sicherheit vorhersagbar. Schon durch die Beobachtung allein und das Eingreifen des Beobachters wird das System verändert. Die Tatsache, dass keine Vorhersagen in einem strengen Sinne möglich sind, hat dazu geführt, dass man in der Wissenschaft zu »statistischen Prognosen« übergegangen ist.

Die jüngeren Physiker wie Niels Bohr in Kopenhagen oder auch der Einstein-Freund Max Born schließen sich der neuen Theorie an, während Einstein selbst Bedenken hat. Für ihn ist es noch »nicht der wahre Jakob«, wie er Born schreibt. Ihn stört vor allem, dass nun der Zufall eine Rolle spielen soll. Jahrelange Diskussionen um die Quantentheorie und die moderne Atomphysik beginnen zwischen den Kontrahenten, wobei Einstein immer mehr in Opposition zu seinen jungen Kollegen gerät.

Neben den schwierigen wissenschaftlichen Diskussionen äußert sich Einstein weiterhin zu vielen politischen Fragen. Im Herbst 1925 unterzeichnet er gemeinsam mit anderen Persönlichkeiten – unter ihnen Mahatma Gandhi – ein Manifest gegen die Wehrpflicht und mischt sich damit erneut in politische Diskussionen ein.

Gandhi hatte sich als Anführer der Protestbewegung gegen die englische Herrschaft in Indien und mit seinem grundsätzlichen Verzicht auf Gewaltanwendung einen legendären Ruhm erworben. Diese Form des passiven Widerstandes ist so ganz nach Einsteins Sinn, der sich mehr und mehr zu einem radikalen Pazifisten entwickelt. Einstein ist in seiner Haltung konsequent und beschreibt seine Meinung so: »Mein Pazifismus ist instinktiver Natur – ein Gefühl, von dem ich besessen bin. Der Gedanke des Mordes an einem menschlichen Wesen erfüllt mich mit Abscheu.« Aber er geht noch einen Schritt weiter und propagiert öffentlich die Kriegsdienstverweigerung, zu dieser Zeit eine »extreme« Position, stellt sie doch eine Aufforderung zur

Verletzung geltenden Rechts dar: »Der Dienstverweigerer ist ein Revolutionär. Wenn er dem Gesetz den Gehorsam verweigert, um dadurch zu einer Verbesserung der öffentlichen Verhältnisse beizutragen, erfüllt er unter Aufopferung seiner persönlichen Interessen eine überaus wichtige Aufgabe.«[6]

Sein Eintreten für die Kriegsdienstverweigerung und seine entschiedene Gegnerschaft jeglicher Aufrüstung werden von vielen wohlmeinenden Menschen mit Kopfschütteln betrachtet, Einstein sitzt wieder einmal zwischen allen Stühlen: Keine Regierung der damaligen Zeit lässt eine so radikale Position zu. Alle politischen Parteien der Weimarer Republik haben ihre militärischen Formationen, ob auf der linken Seite der »Rotkämpferbund« oder auf der rechten Seite die SA, die »Sturmabteilung« der Nationalsozialisten.

Die politische Einstellung Einsteins steht in deutlichem Kontrast zu der sonst üblichen in gutbürgerlichen Kreisen der 20er Jahre. Die Weimarer Republik hat sich halbwegs gefestigt, die kommunistischen Aufstände und der Hitler-Putsch von 1923 sind abgewehrt, und auch die wirtschaftliche Entwicklung gibt zu Hoffnung Anlass, nachdem die Inflation überwunden und sich die Aussöhnung mit den ehemaligen Kriegsgegnern auf einem zwar mühsamen, aber stetigen Weg befindet. Allerdings driftet die Republik auf einen Weg nach rechts. Männer des Ausgleichs verlieren ihren Einfluss. Nach dem Tod Friedrich Eberts wird im

Frühjahr 1925 mit Paul von Hindenburg ein Mann zum zweiten Reichspräsidenten gewählt, der aus uraltem märkischem Adelsgeschlecht stammt und als Heerführer des Ersten Weltkriegs eher ein Anhänger der Monarchie als ein demokratischer Vertreter der jungen Republik ist. In der Folge gewinnen die nationalen und schließlich die rechtsradikalen Parteien an Einfluss mit ihrer Agitation gegen das »System der Schwindelrepublik« und führen den Staat in eine permanente Krise.

In dieser Phase des politischen Umbruchs stellt sich Einstein demonstrativ auf die linke Seite des politischen Spektrums. Wie sich Einstein von den konservativ geprägten Persönlichkeiten in Politik und Wissenschaft unterscheidet, wird sehr plastisch deutlich bei den Antworten auf die Umfrage einer Zeitschrift zum Thema »Soll Deutschland Kolonialpolitik treiben?«. Der damalige Oberbürgermeister von Köln – Konrad Adenauer – antwortet: »Das Deutsche Reich muß unbedingt den Erwerb von Kolonien anstreben. Im Reiche selbst ist zu wenig Raum für die große Bevölkerung.« Einstein dagegen plädiert für die Bewirtschaftung ungenutzten Bodens und Steigerung der Erträge im Ackerbau, denn: »Ich halte diese innere Kolonisierung für nützlicher, sicherer und sympathischer als die in Ihrer Anfrage ins Auge gefaßte Kolonisierung von Staats wegen auf überseeischem Boden.«[7]

Seine politische Heimat ist keine Partei der Linken

Maja und Albert Einstein, um 1885

Mileva und Albert Einstein

Elsa und Albert Einstein an Bord der Celtic *auf der Rückfahrt nach Europa, 1922*

Albert Einstein mit Charly Chaplin nach der Premiere des Films
City Lights (Lichter der Großstadt) *in Los Angeles, 1931*
Rechts: Elsa Einstein

Albert Einstein und seine Stieftochter Margot, 1939

Helene Dukas, Albert und Margot Einstein (von links) beim Eid auf die US-Verfassung für ihre Einbürgerung, 1940

Der Violinist, 1941

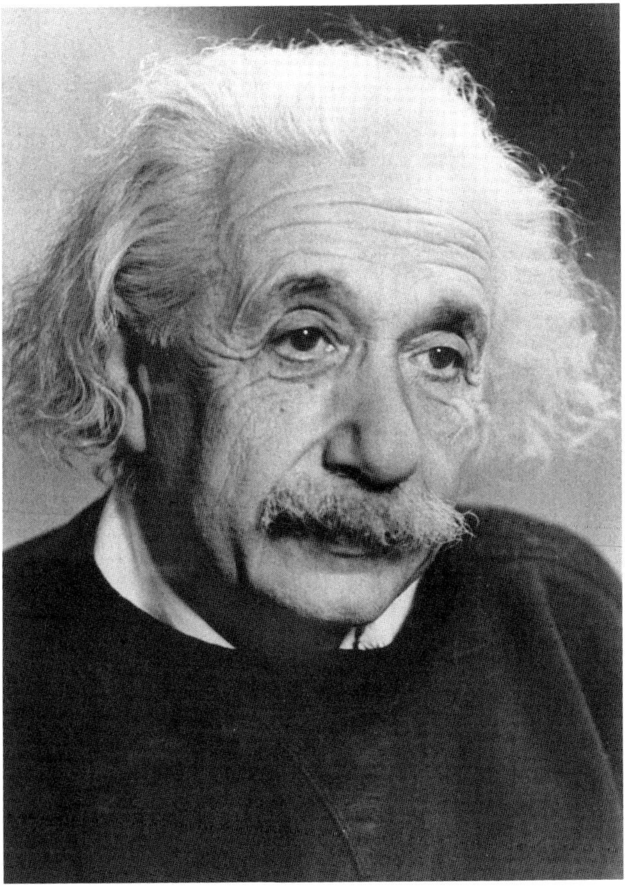

Albert Einstein im Alter von 67 Jahren, 1946

wie SPD oder KPD und er wird niemals Mitglied einer politischen Partei werden. Sein Eintreten für politische Ziele ist eher moralisch begründet. Aber er engagiert sich in vielen Organisationen. So ist er Mitglied in der »Deutschen Liga für Menschenrechte« – gewissermaßen eine Vorgängerin der heutigen »amnesty international«. Diese Organisation setzt sich für eine Versöhnung mit Frankreich ein und kritisiert scharf die – geheime und eigentlich verbotene – Aufrüstung der Reichswehr. Bekannt wird die Liga für ihre Forderung nach Freilassung der in den USA inhaftierten Gewerkschaftsmitglieder Nicola Sacco und Bartolomeo Vanzetti, die 1921 mit zweifelhaften Beweisen zum Tode verurteilt werden. Ein mehrjähriger Kampf um die Aufhebung dieses Urteils wird von vielen Intellektuellen wie Bertrand Russell, George Bernhard Shaw und auch Albert Einstein geführt, allerdings vergeblich. Am 23. August 1927 werden die beiden auf dem elektrischen Stuhl hingerichtet. Durch eine Ehrenerklärung des Gouverneurs von Massachusetts werden sie erst 1977 rehabilitiert.

Ferner ist Einstein Gründungsmitglied der »Gesellschaft der Freunde des Neuen Rußland«, die sich für die wirtschaftliche und geistige Annäherung von Deutschland und Russland einsetzt. Die Gesellschaft wird der kommunistischen und »staatsfeindlichen« Propaganda verdächtigt, obwohl ihr auch ansonsten angesehene Leute angehören wie der Direktor der »Telefunkengesellschaft« Graf von Arco oder der auf der Höhe seiner Popularität stehende Schriftsteller Thomas Mann.

Alle diese Aktivitäten werden natürlich argwöhnisch von staatlichen Stellen beobachtet. Vorsorglich war bereits 1919 im preußischen Wissenschaftsministerium eine Akte zu Einstein angelegt worden, in der jede Aktivität des Gelehrten im In- und Ausland aufs Genaueste festgehalten wurde. Am Ende wird die Akte einen Umfang von 523 Seiten haben.[8]

Einstein tritt – wo immer er kann – gegen politische Tendenzen des Nationalismus und Rechtsradikalismus an. Er ist in dieser Zeit neben seinen beruflichen Verpflichtungen Mitglied, Ehren-, Kuratoriums- oder Vorstandsmitglied in unglaublich vielen Vereinen, Organisationen oder Initiativen, von der »Jüdischen Friedensliga« über den »Beratenden Ausschuß für Geistesarbeiter beim Internationalen Arbeitsamt in Genf« bis hin zum »Ehrenkomitee der Internationalen Konferenz der Internationalen Frauenliga für Frieden und Freiheit«. Als er allerdings auch noch den ersten Internationalen Kongress für Sexualforschung eröffnen und zudem bei dieser Gelegenheit auf seiner Geige Musik von Brahms spielen soll, lehnt er trocken ab: »Leider sehe ich mich weder vermöge meiner sexuellen noch meiner musikalischen Fähigkeiten in der Lage, ihrer freundlichen Aufforderung zu entsprechen.«

Manchmal wird ihm das alles auch zu viel und er

vergisst seine Höflichkeit. Bei einer Einladung der Volkssternwarte im Treptower Park zeigt er Nerven und schreibt: »Können Sie sich vorstellen, daß ich müde bin, überall als symbolischer Leithammel mit Heiligenschein zu figurieren.«[9]

Natürlich kann er sich in so vielen Vereinen nicht wirklich aktiv betätigen. Oft gibt er nur seinen Namen, lässt sich in der einen oder anderen Angelegenheit »vor den Karren« spannen oder unterschreibt eine Resolution. Doch wichtig für ihn ist, dass er seine Stimme erhebt, um Ungerechtigkeiten oder Dummheiten anzuprangern. In dieser Beziehung hebt er sich deutlich von den meisten seiner wissenschaftlichen Kollegen ab.

Neben all diesen Aktivitäten als Mann der Wissenschaft und Politik bleibt nicht viel Zeit für ein normales Privatleben. Einstein geht selten ins Theater, liest kaum Romane oder Unterhaltungsliteratur, wenn ihm auch »Die Brüder Karamasow« von Fjodor Dostojewski oder der »Don Quijote« von Cervantes sehr gut gefallen. Als der Bestseller »Die Buddenbrooks« von Thomas Mann erscheint und innerhalb von zwei Monaten mehr als 700 000 Exemplare verkauft werden, will auch Einstein mitreden und liest das Buch. Sein Kommentar: »Strafarbeit«. Eher liest er politische Literatur, wie den »Wegweiser für die moderne Frau zum Kapitalismus und Sozialismus« von George Bernhard Shaw oder das

Buch »Zwischen Wasser und Urwald« von Albert Schweitzer.

Doch ist er ein fleißiger und regelmäßiger Besucher von Konzerten. Und ganz begeistert ist er, wenn er bei einem Wohltätigkeitskonzert selbst auftreten darf. Über seine musikalischen Fähigkeiten sind die Meinungen geteilt, manche finden ihn eher dilettantisch, manche loben sein »tiefes Empfinden«. Schön ist die Geschichte, die Schwiegersohn Rudolf Kayser erzählt: Ein Musikkritiker, der nicht wusste, dass Einstein eigentlich im Hauptberuf ein weltberühmter Physiker ist, schreibt in seiner Konzertbesprechung: »Einstein spielt ausgezeichnet. Sein Weltruhm aber ist unbegründet. Es gibt viele ebenso gute Geiger.«[10]

Seine Lieblingskomponisten sind Bach, Mozart und Schubert. Als er einmal von einer Zeitung um seine Meinung zu Bach befragt wird, antwortet er: »Was ich zu Bachs Lebenswerk zu sagen habe: Hören, spielen, lieben, verehren – und das Maul halten.«[11] Beim Violinkonzert des 13-jährigen Yehudi Menuhin, der damit seine Weltkarriere beginnt, gerät Einstein geradezu außer sich und schwärmt vor dem verdutzten Wunderkind in der Garderobe der Berliner Philharmonie nach dem Konzert: »Jetzt weiß ich, daß es einen Gott im Himmel gibt.«[12]

Seine Söhne sind nun erwachsen und entwickeln sich zu zwei sehr unterschiedlichen Persönlichkeiten. Hans Albert studierte wie sein Vater an der Eidgenössischen Technischen Hochschule in Zürich, allerdings nicht Physik, sondern er schließt 1927 sein Studium als Bauingenieur ab. Er arbeitet bei den Dortmunder Stadtwerken und lernt dort Frieda Knecht kennen, eine Frau mit außergewöhnlich kleinem Wuchs von einem Meter 50 und neun Jahre älter als Hans Albert. Als die beiden heiraten wollen, erregt sich Einstein trotz seiner eigenen Erfahrungen in derartigen Fragen. Die Enkelin Evelyn berichtet später: »Albert hatte es mit seinen Eltern bei seiner eigenen Ehe so höllisch schwierig gehabt, daß man denken sollte, er wäre gescheit genug gewesen, sich bei seinen Söhnen nicht einzumischen. Aber nein. Als mein Vater meine Mutter heiraten wollte, folgte eine Explosion der anderen.«[13] Einsteins Vorbehalte gegen seine künftige Schwiegertochter sind verblüffend ähnlich denen seiner eigenen Eltern gegen Mileva: Sie sei zu alt, ihr kleiner Wuchs würde sich auf die Kinder vererben, die Heirat wäre ein »Unheil«. Hans Albert lässt sich nicht beirren und heiratet Frieda am 7. Mai 1927 in Dortmund.

Ganz andere Sorgen bereitet der jüngere Sohn Eduard. Er ist auf dem Gymnasium ein begabter und etwas verträumter Schüler, der Literatur und Musik liebt. Er spielt ausgezeichnet und leidenschaftlich Klavier und lässt sich von seiner Mutter verwöhnen. Eduard schreibt seinem Vater regelmäßig Briefe voller Überschwang, schwärmt von seiner Lieblingsmusik, schickt selbst verfasste Gedichte und berichtet über seine liebsten Bücher. Einstein ist das alles suspekt. Er findet seinen Sohn seltsamerweise »unpersönlich«, ja mitunter anmaßend. An Hans Albert schreibt er über dessen jüngeren Bruder: »Dicke Bretter zu durchbohren ist wohl nicht seine Leidenschaft. Aber es muss auch Kerle geben, die sich einfach an Gottes Schöpfung freuen, vielleicht ist dies der eigentliche Zweck der letzten. Denn unsere Ziele sind doch nur Seifenblasen.«[14] Eduard wiederum findet seinen Vater gleichfalls unpersönlich und beklagt sich, dass er kühl zu ihm sei und seine Gedanken nicht richtig würdige.

Hingezogen fühlt sich Eduard zu Sigmund Freud und dessen Methoden der Psychoanalyse und so beginnt er nach dem Abitur ein Studium der Medizin an der Universität Zürich. Das ist dem Vater auch wieder nicht recht, obwohl sich Freud und Einstein persönlich kennen. Einstein lobt Freuds Schriften zwar wegen ihrer sprachlichen Eleganz, was Freud allerdings nicht besonders beeindruckt. Er kommentiert dazu: »Er möchte mich anerkennen – für den Inhalt meiner Schriften fehlt ihm aber das Verständnis. Darum lobt er wenigstens den Stil.«[15] Alles in allem entwickelt sich ein kompliziertes und schwieriges Verhältnis zwischen Einstein und seinen Söhnen.

Im Oktober 1927 findet der inzwischen fünfte Solvay-Kongress in Brüssel statt. Alle Größen der Physik sind vertreten, und man ist gespannt, wie sich Einstein nun zur Quantentheorie stellen wird. Einen Vortrag zu dem Thema lehnt er allerdings ab: »Nach vielem Hin und Her komme ich zu der Überzeugung, daß ich nicht kompetent bin, einen solchen Bericht in der Weise zu geben, die tatsächlich dem Stand der Dinge entspricht ... weil ich die rein statistische Auffassung nicht billige, auf der diese neuen Theorien aufbauen.«[16] Einstein lässt sich aber nicht davon abhalten, den jungen Wissenschaftlern Niels Bohr, Wolfgang Pauli und Werner Heisenberg in langen Diskussionen seine Einwände vorzutragen.

Die Quantentheorie macht in der Tat seltsame Aussagen: Die Geschwindigkeit eines Teilchens kann man nicht genau bestimmen, wenn man dessen Position kennt, und umgekehrt; ein Objekt kann sich gleichzeitig in zwei Zuständen befinden; Teilchen haben mitunter Wellencharakter. Gedankenexperimente zeigen, dass beispielsweise ein Teilchen gleichzeitig durch zwei Spalten in einer Wand fliegen kann und hinter der Wand wieder als ein Teil ankommt. Vor allem die Konsequenz, dass nach dieser Theorie keine absolut sicheren Aussagen mehr in der Physik möglich sind, stört Einstein. Er meint, man müsse bisher noch unbekannte und verborgene Eigenschaften entdecken, dann komme man wieder zu einer klaren, korrekten und eindeutigen Physik.

Die Auseinandersetzung in Brüssel spielt sich so ab, dass Einstein beim gemeinsamen Frühstück im Hotel

»schwerwiegende Mängel« der Quantenmechanik geltend macht und beim Abendessen dann Niels Bohr geduldig erklärt und analysiert, warum die Theorie doch richtig ist. Ein Gedankenexperiment – dieses deutsche Wort ist sogar in die amerikanische Wissenschaftssprache eingegangen – jagt das andere. Es ist ein Kampf der Titanen. In der Nacht geht es dann weiter. Der mit Einstein seit Jahren eng befreundete Paul Ehrenfest, Professor in Leiden und auch Skeptiker in Bezug auf die Quantenphysik, berichtet, dass Niels Bohr jede Nacht um ein Uhr auf sein Zimmer kommt, um mit ihm bis drei Uhr weiter zu diskutieren. Und er schreibt amüsiert in einem Brief an die daheim gebliebenen Studenten: »Herrlich war es für mich, den Zwiegesprächen zwischen Bohr und Einstein beizuwohnen. Schachspielartig. Einstein immer neue Beispiele. Gewissermaßen Perpetuum mobile zweiter Art, um die Ungenauigkeitsrelation zu durchbrechen. Bohr stets aus einer Wolke von philosophischen Rauchgewölkes die Werkzeuge heraussuchend, um Beispiel nach Beispiel zu zerbrechen. Einstein wie die Teuferln in der Box. Jeden morgen wieder frisch herausspringend. Oh das war köstlich.«[17]

Die Auseinandersetzung zwischen Einstein und den Quantentheoretikern ist noch lange nicht beendet, aber darüber sind sich alle einig: Sieger ist vorerst Niels Bohr. Einstein ist ausgesprochen fair. Als er – wie häufig in dieser Zeit – danach gefragt wird, wer den

Nobelpreis erhalten solle, schlägt er unter anderem den erst 25-jährigen Werner Heisenberg vor, der den Preis dann auch 1932 bekommen wird.

Obwohl sich Einstein immer wieder zur Ruhe mahnt und sich vornimmt, es einmal etwas ruhiger angehen zu lassen, ist er umtriebig wie eh und je und gönnt sich keine Ruhepause. Er fährt zu einem Winterurlaub in die Schweiz und hält am 18. März 1928 in Davos einen Festvortrag bei der Eröffnung eines Kongresses zur Völkerverständigung, mit Geigenspiel. Ausgerechnet er erzählt den versammelten Studenten dort, dass mäßige geistige Arbeit und wenig körperliche Anstrengung für die Gesundheit das Beste seien. Aber die Theorie passt wieder einmal nicht zur Praxis. Die Ferien sind nicht so ruhig wie erforderlich. Er muss zwischendurch nach Leipzig, um in einem Patentstreit vor dem Reichsgericht als Sachverständiger auszusagen, nachts eilt er per Eisenbahn zurück in die Schweiz, schleppt seinen Koffer durch tiefen Schnee zu seinem Ferienhaus und erleidet noch vor Erreichen seines Ziels einen Kreislaufkollaps und einen Herzanfall. Er wird nach einigen Tagen ins Züricher Krankenhaus verlegt und darf erst im April wieder nach Berlin. Strenge Bettruhe und vier Monate salzlose Diät werden verordnet. Die Erholung erfolgt sehr langsam, nach zehn Wochen Bettruhe klagt Einstein immer noch über sein »chicanöses« Herz und dass es ihm »dreckig« gehe.

Die Ärzte stellen ein stark vergrößertes Herz sowie eine Ausbuchtung der Bauchschlagader fest, ein so genanntes Aorta-Aneurysma. Das heißt, dass diese Hauptschlagader ausgebeult ist, mit der Gefahr, bei Belastung oder fortschreitender Schwächung des Bindegewebes zu platzen, was zu innerer Verblutung führen kann. Behandeln lässt sich dieses Problem eigentlich nur durch eine Operation, die zu der damaligen Zeit allerdings mit hohem Risiko verbunden ist. Einstein ist noch nicht einmal 50 Jahre alt und muss von nun an mit dieser ständigen Lebensgefahr leben. Operieren lässt er sich nie.

Elsa entscheidet, dass es so nicht weitergehen kann. Sie engagiert als Sekretärin – und vielleicht auch als Aufpasserin – eine junge Frau von 32 Jahren namens Helene Dukas, die aus der schwäbischen Heimat der Einstein-Familie stammt. Dukas wird von nun an eine wichtige und unersetzliche Mitarbeiterin Einsteins; sie bleibt 27 Jahre bis zu seinem Tod bei ihm und wird 27 weitere Jahre bis zu ihrem eigenen Tod seinen Nachlass (mit)verwalten.

Im Sommer fährt Einstein zur Erholung ins Ostseebad Scharbeutz an der Lübecker Bucht. Und diesmal begleiten ihn – offenbar in friedlicher Eintracht – seine Frau Elsa, seine Sekretärin Helene Dukas, seine Tochter Margot und seine – Geliebte. Die lebenslustige und schwerreiche Arztwitwe Toni Mendel war seit einiger Zeit mit Einstein mehr als nur befreundet. Sie pflegt ihn mit Chauffeur und ihrer Limousine abzuholen, um einen Ausflug zu unternehmen oder ein Konzert zu besuchen. Gewöhnlich übernachtet Einstein dann in ihrer Villa am Wannsee. Elsa scheint dieses Verhältnis mehr oder weniger freiwillig respektiert zu haben, jedenfalls schreibt sie von der Ostsee: »Er wird blödsinnig verwöhnt von vier Frauen, die um ihn sind.«[18] Nach ihrer Rückkehr nach Berlin berichtet sie einem befreundeten Maler auch: »Mein Mann hat sich gekräftigt. Aber seine ursprüngliche Frische und Spannkraft hat er nicht mehr erreicht ... Er wird sich bescheiden müssen, in einem sehr gemächlichen Tempo zu leben.«[19]

Da hat sie die Rechnung ohne ihren Mann gemacht. Denn Einstein scheint die strikte Bett- und Arbeitsruhe doch nicht so eingehalten zu haben, wie von Familie und Arzt erwünscht und erhofft. Einem alten Freund schreibt er: »Ich habe in der Ruhe der Krankheit ein wundervolles Ei gelegt auf dem Gebiet der allgemeinen Relativität.«[20]

Einstein will seinen Kontrahenten auf Seiten der Quantenphysiker eine Theorie entgegenstellen, die den Streit ein für alle Mal entscheiden soll. Sogar Elsa ist von seiner Begeisterung angesteckt und äußert sich optimistisch: »Er hat herrlich gearbeitet in letzter Zeit, das Problem gelöst, das zu lösen der Traum seines Lebens war.«[21] Das sind gewaltige Vorschusslorbeeren für eine Arbeit, die Einstein veröffentlicht unter dem

Titel »Einheitliche Feldtheorie von Gravitation und Elektrizität«. Es handelt sich um einen Aufsatz von sieben Seiten, in dem der Versuch gemacht wird, so etwas wie eine Weltformel, eine »Theorie von Allem« aufzustellen und damit die Unklarheiten in der Physik zu beseitigen. Einleitend schreibt er in diesem Aufsatz: »Nach unablässigem Suchen in den letzten zwei Jahren glaube ich nun die wahre Lösung gefunden zu haben.«

Die Veröffentlichung sorgt sofort für großes Aufsehen. In den damaligen Zeiten ohne Kopiergerät lässt sich ein Autor üblicherweise von seinem Aufsatz 30 bis 50 so genannte Sonderdrucke anfertigen, die er dann seinen Kollegen oder Freunden zur Verfügung stellen kann. Die Preußische Akademie der Wissenschaften jedoch lässt zunächst 1000 und, als diese sofort vergriffen sind, weitere 2 000 Sonderdrucke herstellen. In London klebt das Kaufhaus Selfridge die Seiten der Arbeit ins Schaufenster, obwohl sie nur aus Formeln besteht und kein normaler Passant damit etwas anfangen kann. In der Londoner »Times« und in der »New York Times« erscheinen Aufsätze, in denen Einstein seine neuen Erkenntnisse zu erklären versucht. In einem Interview sagt er: »Jetzt, aber erst jetzt wissen wir, daß die Kraft, die die Elektronen auf ihren Ellipsen um die Atomkerne sich bewegen läßt, die gleiche Kraft ist, die unsere Erde ihre jährliche Bahn um die Sonne ziehen läßt, und die uns Licht und Wärme bringt, die das Leben auf der Erde ermöglichen.«[22]

Leider ist Einsteins Optimismus verfrüht, die Kollegen sind enttäuscht und haben viele Einwände. Selbst Einstein kann nicht alle Rätsel unseres Universums auf sieben Seiten klären. Und so muss Einstein schließlich eingestehen: »Meine Arbeit aus dem letzten Sommer taugt nichts.«[23] Und man muss hinzufügen: Die Suche nach der Weltformel ist bis heute eine ungelöste Aufgabe der Physik.

Das Sommerhaus im Grünen
Zwischen Caputh und den USA
1929–1932

Von der Krankheit, mit der sich Einstein das ganze Jahr 1928 hindurch abgequält hatte, ist bald nichts mehr zu spüren. Einstein vertraut seltsamerweise in Fragen der Gesundheit weniger der medizinischen Wissenschaft als Hausmitteln und Eigenschaften wie Geduld, Gleichmut und Humor. Außerdem vertraut er seinem Arzt Janos Plesch, einem Modearzt mit starkem Drang zur Selbstdarstellung und einer schillernden Persönlichkeit. Als Freunde ihm vorwerfen, dass man als Schwerkranker sich doch nicht einem solch zweifelhaften Mann anvertrauen dürfe, nimmt er ihn in Schutz: »Man ist doch selber auch kein fleckenloser Engel, also milde vis-a-vis allen anderen Schweinchen.«[1] Selbst wenn ihn sein Arzt mit Rauchverbot, Diäten und Bettruhe traktiert, folgt ihm sein Patient geduldig. Plesch besitzt eine luxuriöse Villa in Berlin-Gatow an der Havel und Einstein besucht ihn oft zum Segeln oder zu Abendgesellschaften.

Im Frühjahr 1929 beginnen die Vorbereitungen zu seinem 50. Geburtstag, der am 14. März begangen werden soll. Als besonderes Geschenk für den berühmten Bürger der Stadt Berlin lässt sich der Oberbürgermeister Gustav Böß – ein oft gesehener Besucher bei Plesch – etwas Ungewöhnliches einfallen: Die Stadt Berlin möchte dem Gelehrten ein Haus am Wasser schenken. So wird es auch vom Magistrat beschlossen und Einstein ist begeistert. Ein Leben in freier Natur ist ganz nach seinem Geschmack, zumal er da ohne Socken herumlaufen kann. Seinem Freund Max Born hatte er einmal von einem Urlaub an der Ostsee geschrieben: »Was soll aber auch ein Kerl schreiben, der den ganzen Tag auf der faulen Haut liegt, niemanden sieht, wenns hochkommt ein halbes Stündchen barfuß herumtorkelt? Wenn wir nur letztere schöne Sitte (freiwillig) in Berlin durchsetzen könnten!«[2] Immer öfter tritt er zwar nicht barfuß, aber ohne Socken auf, selbst bei offiziellen Anlässen.

Einstein wünscht sich ein Haus am Wald, in der Nähe eines Gewässers, möglichst aus Holz. Die Suche nach einem geeigneten Landhaus ist schwieriger als gedacht; alle in Aussicht genommenen oder vom Magistrat vorgeschlagenen Objekte erweisen sich als ungeeignet, sind bewohnt, zu laut oder nicht am Wasser. Die gut gemeinte Idee mit dem Geschenk entwickelt sich zu einer Posse. So ist der Geburtstag da, aber kein Haus. Bürgermeister Böß gratuliert Einstein mit viel Pathos – ohne die peinliche Geschenkidee zu erwähnen: »Die Stadt Berlin ist stolz darauf, denjenigen Deutschen zu ihren Bürgern zu zählen, dessen Ruhm nicht nur zur Zeit die Welt erfüllt, dessen Name vielmehr durch die Jahrtausende hindurch zu jenen Unsterblichen gezählt werden wird, auf deren wissenschaftlichen Erkenntnissen die Vorstellung beruht, die die Menschheit von dem sie umgebenden Weltall hat.«[3] Einstein revanchiert sich in einem vor Ironie triefenden Brief einige Tage später und »bedankt« sich beim Bürgermeister – ebenfalls ohne Bezug auf das schöne Landhaus: »Der Unterzeichnete dankt erfreut und beschämt zugleich, für die Glückwünsche, die Worte der Anerkennung und die herrliche Blumenspende, welche die Stadt Berlin ihm hat zukommen lassen.«[4]

Der Geburtstag selbst wird in engstem Familienkreis gefeiert, und zwar in der Villa von Janos Plesch. Während die Presseleute ihn in seiner Berliner Wohnung suchen, freut sich Einstein diebisch über das Schnippchen, das er den vielen Neugierigen schlägt. In seiner Wohnung gehen buchstäblich korbweise Glückwünsche ein, für die vielen Blumen reicht die Wohnung kaum aus, selbst das Gästezimmer wird mit Vasen voll gestellt. Prominente und weniger Prominente gratulieren und schicken Präsente. Das kostbarste Geschenk, über das sich Einstein sehr freut, ist ein Segelboot, ein besonders schöner Jollenkreuzer mit Hilfsmotor aus edlem Mahagoniholz von sieben Meter Länge, für das wohlhabende Freunde zusammengelegt hatten. Einstein berichtet seiner Schwester Maja – die mit ihrem Mann Paul Winteler in Florenz lebt –, dass die »Hochfinanz« ihm dieses Geschenk verehrt habe.

Das Boot erhält den Namen »Tümmler«. Zum Geburtstag ist es erst als Modell vorhanden, doch im Sommer soll es von der Werft geliefert werden. Am meisten soll sich Einstein aber über das Geschenk eines Arbeitslosen gefreut haben, der ein Päckchen Tabak schickt und dazu schreibt: »Der Tabak ist relativ wenig, aber von einem guten Feld.«

In einer kleinen Geburtstagsbroschüre, die die »Gesellschaft der Freunde des jüdischen Buches« für ihn veröffentlicht, macht sich Einstein über seine Berühmtheit und seine vielen Verehrer mit einem Gedicht lustig:

Wo ich geh und wo ich steh
Stets ein Bild von mir ich seh,
Auf dem Schreibtisch, an der Wand,
Um den Hals am schwarzen Band.

Männlein, Weiblein, wundersam
Holen sich ein Autogramm,
Jeder muß ein Kritzel haben
Von dem hochgelehrten Knaben.

Manchmal frag in all dem Glück
Ich im lichten Augenblick:
Bist verrückt du etwa selber
Oder sind die andern Kälber?

Das schon als schöne Phantasie abgehakte Sommerhaus erhält kurz nach der Geburtstagsfeier wieder ungeahnte Aktualität. Die mit Einstein befreundete Familie Stern bietet ein rund 2 000 Quadratmeter großes Gelände in Caputh bei Potsdam zum Kauf an, das drei Minuten von der Havel entfernt idyllisch am Waldrand liegt, mit freiem Blick auf den Ort und das Wasser. Das Grundstück wird gekauft und am 12. Mai 1929 reicht Elsa Einstein bei der Gemeindeverwaltung Caputh einen Bauantrag ein.

Da die Diskussion um das »Ehrengeschenk« der Stadt Berlin noch immer durch die Zeitungen geistert, beendet Einstein am 15. Mai endgültig alle Spekulationen und schreibt dem Oberbürgermeister, dass das Leben zu kurz sei, um auf ein Geschenk dieser Art zu warten. Er stehe als Beschenkter nicht mehr zur Verfügung. Der Magistrat ist »peinlich berührt« und muss hämische Zeitungskommentare zur Kenntnis nehmen.

Was hat Caputh außer dem Baugrundstück zu bieten? Der Ort liegt 30 Kilometer von Berlin und sechs von Potsdam entfernt, hat rund 3 500 Einwohner, Bahn- und Busverbindungen sowie eine bevorzugte Lage am Rande der Potsdamer Insel zwischen zwei Havel-Seen, wo sich wunderbar segeln lässt. Schon Fontane hatte diesen Ort mit seinem Barockschloss gerühmt und sich zu poetischen Bildern anregen lassen: »Natur nahm der Kunst den Griffel aus der Hand und übertraf sie.«

Und so bekommt der »Tümmler« seinen Liegeplatz in einer Werft, wenige Meter entfernt von einer Sommerwohnung, die von den Einsteins angemietet wird, um das Angenehme mit dem Nützlichen zu verbinden: segeln und den Hausbau beaufsichtigen.

Im Laufe des Sommers werden die Fundamente gebaut und das vorgefertigte Holzhaus aufgestellt. Bereits im September wird es bezugsfertig sein.

Hier auf dem Lande beginnt für Einstein eine ruhige Zeit, die er als ausgesprochen glücklich empfindet. Im Vorlesungsverzeichnis der Berliner Universität steht ab 1929 hinter Einsteins Name der Vermerk: »Liest nicht«; er zieht sich vom Lehrbetrieb, den er ohnehin nie so richtig gemocht hat, zurück. Und er schwärmt seiner Schwester vor, wie gut ihm das neue Haus gefällt – »trotz der durch dasselbe erzeugten Pleite. Das Segelschiff, die Fernsicht, die einsamen Herbstspaziergänge, die relative Ruhe, es ist ein Paradies.«[5]

Das Haus, das tatsächlicht im Herbst fertig gestellt wird, ist schlicht und bescheiden, wirkt aber durch einige Zutaten, wie französische Fenster oder den Kamin, ausgesprochen wohnlich. Weiße Terrassengeländer, weiße Fensterläden auf naturbelassenem Holz, ein Sonnenschirm auf der Terrasse und bequeme Korbmöbel vor der großen Flügeltür schaffen einen ausgesprochen sommerlichen Eindruck.[6]

Leider kann er nicht immer in seinem Sommer-Idyll

– wie er Caputh nennt – sein, denn nach wie vor wird er häufig eingeladen. Im November ist er eine Woche in Paris, wo er den Ehrendoktor der Sorbonne erhält und in die französische Akademie der Wissenschaften aufgenommen wird. Sein Erscheinen wird von minutenlangem Beifall begleitet; alle früheren Vorbehalte der Franzosen gegenüber einem deutschen Gelehrten sind vergessen. Statt politische Probleme zu diskutieren, wird nun bei festlichen Abendessen mit den Spitzen des Geisteslebens gefeiert.

Im April 1930 ziehen die Einsteins zu ihrem ersten Sommeraufenthalt in das neue Haus nach Caputh. Das Ehepaar wird begleitet von der »Stütze der Hausfrau« – wie sie sich selber nennt –, Herta Schiefelbein, die bereits in der Berliner Wohnung den Haushalt geführt und gekocht hatte. Das Essen ist überwiegend einfache Hausmannskost. Dazu wird Tee oder koffeinfreier »Kaffee Hag« getrunken; alkoholische Getränke verschmäht Einstein sein Leben lang.

Die Einsteins leben offensichtlich gern in Caputh, jedenfalls werden keine Urlaubsreisen mehr unternommen wie früher an die Ostsee. Häufige Gäste sind die beiden Töchter Ilse und Margot sowie die Sekretärin Helene Dukas und der wissenschaftliche Mitarbeiter und Assistent Dr. Walter Mayer. Es wird ein Gästebuch angelegt, und Einstein macht den Besuchern zur Auflage, sich mit »Verschen fein und zart« zu verewigen. Die erste Eintragung stammt vom 4. Mai 1930:

Einer muss der erste sein
Der sich in dieses Buch trägt ein.
Darum, ohne viel zu grübeln,
Ob es Würd'gere mir verübeln,
Und trotz der mir eigenen Klaue
setze ich an diese Stelle
meinen Namen hin. M. Laue[7]

Dieser Max von Laue ist mit Einstein eng befreundet. Er ist Mitglied der Preußischen Akademie der Wissenschaften, Nobelpreisträger für Physik 1914 und einer der wenigen Standhaften, die ebenso wie Einstein den immer stärker werdenden Nationalsozialisten entschieden entgegentreten.

Der nächste prominente Gast in Caputh ist Rabindranath Tagore, ebenfalls ein Nobelpreisträger, aber ausnahmsweise für Literatur. Ausgerechnet der berühmte Dichter verstößt gegen die Vorschrift der Poesie und begnügt sich im Gästebuch mit seiner Unterschrift. Dieser indische Dichter und Philosoph mit seinem wallenden weißen Bart und einer Frisur, die der Einsteins nicht unähnlich ist, diskutiert mit Einstein über religiöse und politische Fragen. Als wenige Wochen später in einer Zeitschrift das ohne Dolmetscher geführte Gespräch der beiden gedruckt wird, ist Einstein von der fernöstlichen Weisheit weniger begeistert: »Der mündliche Dialog mit Tagore ist durch Schwierigkeiten der Verständigung ganz verunglückt und hätte natürlich nicht veröffentlicht werden dürfen.«[8]

Mit verbeulter Hose und wehenden Haaren streift Einstein durch die Wälder, begleitet vom Dackel des Nachbarn. Die Journalisten lassen sich diesen Spaß nicht entgehen und kommen in Scharen, um Fotogeschichten von dem Neu-Brandenburger zu machen. Einstein vernachlässigt nach und nach seine beruflichen Pflichten und fährt nur noch in Ausnahmefällen und äußerst ungern nach Berlin. Den Kontakt zur Außenwelt hat die Familie noch durch eine andere Maßnahme minimiert: Es gibt kein Telefon im Sommerhaus. Bei wichtigen Anlässen kann bei den Nachbarn angerufen werden, die dann auf einer Kindertrompete Signale geben.

Das Segeln ist eins von Einsteins größten Vergnügen, vielleicht auch deshalb, weil das von Arzt und Ehefrau verbotene Rauchen dort unbeaufsichtigt erfolgen kann; seine Tabakspfeife hat er auf dem Wasser immer dabei. Einstein ist Nichtschwimmer und hat auch keine Schwimmweste an Bord. So herrscht manchmal Sorge zu Hause, wenn ein Unwetter aufzieht und er seit Stunden überfällig ist. Aber es geht immer alles gut, wenn Einstein auch mitunter vor einem Gewitter in einem Strandlokal Zuflucht sucht und sich dort festredet.

In diesem Jahr wird Einstein zum ersten Mal Großvater. Sein erster Enkel ist das Kind seines Sohnes Hans Albert und dessen Frau Frieda, mit deren Ehe er sich noch immer nicht abgefunden hat. Doch allmählich wird sich das Verhältnis zu seinem Sohn bessern und zu seinem Enkel Bernhard später sogar sehr gut werden.

Von seinem zweiten Sohn Eduard kommen aus Zürich böse Nachrichten: Der junge Student erlebt einen Zusammenbruch, als eine Beziehung zu einer Medizinstudentin scheitert. Mileva wird ihrem Ex-Ehemann davon berichtet haben, jedenfalls versucht Einstein seinen Sohn mit Briefen aufzumuntern und ihm Ratschläge zu geben: »Die Beschäftigung mit dem anderen Geschlecht ist so erfreulich wie nötig, aber sie darf nicht der Haupttenor des Lebens werden.«[9] Eduard schreibt seinem Vater daraufhin bittere Briefe mit wilden Verwünschungen. Er hasse ihn, schreibt er und macht ihm den Vorwurf, seine Familie verlassen zu haben und damit an dem ganzen Elend schuld zu sein. Einstein eilt nach Zürich, wo er aber nicht viel ausrichten kann. Nach seiner Abreise verschlechtert sich Eduards Situation dramatisch und er droht mit Selbstmord. Mileva weiß sich nicht mehr zu helfen und fährt – ohne dies vorher mitzuteilen – nach Berlin. Dort platzt sie mitten in die Trauung von Elsas Tochter Margot mit Dimitri Marianoff. Alle sind äußerst verwirrt, Mileva ist völlig aufgelöst, und keiner weiß, was das alles zu bedeuten hat.

Margot ist eine scheue, empfindliche und kunstliebende Frau. Sie ist Bildhauerin und schafft vor allem Figuren aus Ton. Ihr russischer Mann ist das genaue Gegenteil von ihr, ein Weltmann, in der sowjetischen Handelsmission in Berlin als Journalist tätig und äußerst galant im Umgang mit Frauen. Seine Schwiegermutter Elsa ist begeistert von ihm und nennt ihn einen »feinen und interessanten Zigeuner«. Viel ist über die Ehe nicht bekannt, sie sollte auch nicht allzu lange halten.

Im Oktober ist das schöne Sommerleben vorüber und Einstein begibt sich wieder einmal auf Reisen. Zunächst ist Brüssel das Ziel, wo der nächste Solvay-Kongress stattfindet und Einstein die Debatte über die Quantenphysik mit unverminderter Energie erneut aufnimmt. Danach folgt ein Aufenthalt von einigen Tagen in London, wo er zu einem Wohltätigkeitsdinner zugunsten osteuropäischer Juden gebeten wird. Der hochbetagte Bernhard Shaw hält bei dieser Gelegenheit eine launige Tischrede auf den Gelehrten, den er mit Kopernikus und Newton vergleicht.

Von London aus besucht Einstein in Brüssel das belgische Königspaar. Königin Elisabeth und König Albert I. laden huldvoll ein, und Einstein berichtet begeistert in einem Brief von seinen Erlebnissen bei »Königs«, wie er sie despektierlich und liebevoll nennt: »Diese beiden Leutchen sind von einer Reinheit und

Güte, die selten zu finden ist. Erst unterhielten wir uns eine Stunde. Dann musizierten wir ... Dann gingen alle weg und ich war allein bei Königs zum Essen: ohne Bedienung, vegetarisch, Spinat mit Setzei und Kartoffeln, punktum ... Es gefiel mir dort über alle Maßen und ich bin sicher, dass das Gefühl gegenseitig ist.«[10] So freundet sich Einstein mit einer richtigen Majestät an, mit der er bis an sein Lebensende Briefe wechseln wird.

Von Brüssel fährt er das zweite Mal in diesem Jahr nach Zürich, um den Ehrendoktor seiner alten Universität, der Eidgenössischen Technischen Hochschule, entgegenzunehmen. Bei dieser Gelegenheit besucht er Mileva, musiziert mit ihr und Eduard, dem es inzwischen etwas besser geht. Bei der Musik können die drei offenbar noch einmal zu Harmonie und Verständnis finden.

Zurück in Berlin, bereitet Einstein eine große Reise nach Amerika vor. Erstmals nach zehn Jahren will er wieder das Land besuchen, das ihm inzwischen lukrative Angebote macht. Am »CalTech« in Pasadena, dem berühmten California Institut of Technology, soll er für 7000 Dollar Vorlesungen halten, und er will sich das Observatorium auf dem kalifornischen Mount Wilson ansehen, das mit seinem Riesenteleskop tiefe Einblicke in das Weltall gestattet und vor einigen Jahren Vorbild für den Einstein-Turm gewesen war.

Die Reise führt zu einem Presserummel bisher ungeahnten Ausmaßes, woran Einstein nicht ganz schuldlos ist. Denn noch vor seiner Abreise erscheint in der Sonntagsausgabe des »New York Times Magazine« ein vier Seiten langer Aufsatz von ihm zum Thema »Religion und Wissenschaft«. Er redet darin von »kosmischer Religiosität« und von der »wunderbaren Ordnung der Natur« und erläutert die an sich schon länger bekannten Vorstellungen seiner Religionsauffassung: »Ich glaube an Spinozas Gott, der sich in der gesetzlichen Harmonie des Seienden offenbart, nicht an einen Gott, der sich mit dem Schicksal und den Handlungen der Menschen abgibt.«[11] Jedenfalls sehen viele Amerikaner – ob nun Juden, Protestanten oder Quäker – in diesen Ansichten den blanken Atheismus, wenn nicht sogar Dummheit und Ignoranz. Die amerikanischen Zeitungen haben nun wieder ein großes, kontrovers diskutiertes Thema und Einstein wird entsprechend erwartet.

Am 2. Dezember 1930 fährt Einstein an Bord des Überseedampfers »Belgenland« bei hohem Seegang von Antwerpen über Southampton Richtung USA. Während den meisten Passagieren übel wird, kann sich Einstein freuen: »Der Arzt sagt, ältere Leute werden nicht seekrank. Scheint zu stimmen.« Diesmal ist er in großer Begleitung: neben Elsa auch Helene Dukas sowie sein Assistent Walther Mayer. Der Empfang, den ihm die Amerikaner auf Long Island bereiten, übertrifft alle Erwartungen. Zunächst will er nicht gleich von Bord, um dem Rummel auszuweichen. Aber die »New York Times« hatte vorgesorgt und ihm angekündigt, er müsse sich schon im Safe des Schiffes einschließen lassen, um den Journalisten zu entgehen. Aber auch dann werde es Fotos geben, nämlich vom Safe.

Als Einstein die Gangway des Schiffes herabkommt, begrüßen ihn hunderte Schulkinder mit Sprechchören: »Einstein, Einstein – hurra, hurra, hurra!«, schallt es ihm immer wieder entgegen. Reporter und Fotografen belagern ihn, er nimmt die Sache gelassen: »Die Reporter stellten ausgesucht blöde Fragen, die ich mit billigen Scherzen beantwortete, die mit Begeisterung aufgenommen wurden.«[12]

Fünf prall gefüllte Tage verbringen die Einsteins in New York, ein Termin jagt den anderen. Ehrenbürgerschaft, Auszeichnungen, Reden vor 16 000 Zuhörern im Madison Square Garden, wo sonst Profi-Boxer ihren Sport betreiben, Gespräche mit amerikanischen Größen wie dem Multimillionär Rockefeller und Besuch eines Konzerts, das der weltbekannte Arturo Toscanini dirigiert, lassen dem Gast kaum eine Atempause.

Berühmt wird seine Rede über die Kriegsdienstverweigerung, die er im Hotel Ritz-Carlton hält und ihn zu *der* Heldenfigur der internationalen Friedensbewegung macht. Er ruft offen und kompromisslos zum Widerstand gegen den Militarismus auf und klagt die

Vereinigten Staaten an, dass sie jeden Menschen zwingen, »im Namen seines Landes Morde zu begehen«. Damit ist Einstein nicht weit entfernt von Kurt Tucholsky, der in der Zeitschrift »Weltbühne« kurz danach mit Blick auf den Ersten Weltkrieg schreiben wird: »Da gab es vier Jahre lang ganze Quadratmeilen Landes, auf denen war der Mord obligatorisch, während er eine halbe Stunde davon entfernt ebenso streng verboten war. Sagte ich: Mord? Natürlich Mord. Soldaten sind Mörder.«[13]

Einsteins Vorschlag: Zwei Prozent aller Soldaten sollen den Dienst verweigern, um die Regierungen zu friedlichen Lösungen zu zwingen. So viele Menschen könne keine Regierung in das Gefängnis werfen. Einstein ist klar, dass er eindeutig gegen geltende Gesetze aufruft, aber er beharrt auf dieser Lösung: »Es ist ein illegaler Kampf, aber ein Kampf um das wirkliche Recht der Menschen gegen ihre Regierungen, soweit diese verbrecherische Handlungen von ihren Bürgern fordern.«[14] Und ähnlich wie bei Tucholsky, der sich in zahlreichen Prozessen verteidigen muss, wird auch Einstein von vielen Seiten angefeindet. Trotzdem überwiegt die Freude, dass diese seine Herzensangelegenheit so viel Diskussion auslöst. Immerhin tragen nun viele Jugendliche und Studenten in amerikanischen Städten den Sticker mit dem Text: »Zwei Prozent!«.

Die Schiffsreise geht weiter: Ein Zwischenaufenthalt auf Kuba, Passage des Panama-Kanals, Fotos mit Panama-Hut inklusive, und am Weihnachtsabend spielt Einstein, begleitet vom Schiffsorchester, auf seiner Geige. Am Silvestertag legt das Schiff in Kalifornien an, wo er ebenfalls mit großem Hallo begrüßt wird. Bilder von der Ankunft landen sogar in der deutschen »Wochenschau«.

In Pasadena, in der Nähe von Los Angeles, erhalten die Einsteins ein hübsches Häuschen als Quartier; Einstein gefällt es gut in dem ruhigen Universitätsstädtchen. Er berichtet: »Hier in Pasadena hat es Ähnlichkeit mit dem Paradies. Immer Sonne und klare Luft, Gärten mit Palmen und Pfefferbäumen und freundliche Leute, die einen alle anlächeln und um Autogramme bitten.«[15] Einstein hält einige wissenschaftliche Vorträge und lässt sich mehrmals auf den Mount Wilson chauffieren, um das berühmte Teleskop anzusehen und mit Edwin Hubble zu diskutieren.

Hubble hatte durch viele Beobachtungen eine große Zahl von Galaxien entdeckt und auch ihre Entfernungen gemessen. Dabei stellte er fest, dass ein einfaches lineares Gesetz zwischen Geschwindigkeit und Entfernung besteht, das heißt, je weiter eine Galaxie entfernt ist, desto schneller bewegt sie sich von der Erde weg. Daraus leitete er die Folgerung ab, dass sich das Weltall ausdehnt und nicht statisch ist, wie man bisher angenommen hatte. Die nach ihm benannte Hubble-Konstante ist eine der fundamentalen Konstanten der Kosmologie. Sie gibt die Expansionsgeschwindigkeit des Universums an. Daraus wiederum kann man nach der Theorie vom Urknall *(Big Bang)* das Alter des Universums abschätzen – etwa 13 Milliarden Jahre. Im Jahre 1990 brachte die Raumfähre Discovery das 11,5 Tonnen schwere *Hubble Space Telescope* in eine Umlaufbahn in 589 Kilometer Höhe. Seitdem rast die weltweit teuerste Sternwarte mit 27 000 Kilometern pro Stunde alle 96 Minuten um die Erde.

Das Ehepaar Einstein wird von Charlie Chaplin zu der Premiere seines neuen Films »City Lights, Lichter der Großstadt« eingeladen. Als sie sich mit dem Auto den Weg durch eine begeisterte Menge bahnen, meint Chaplin treffend: »Mir jubeln sie zu, weil mich jeder versteht – und Ihnen, weil Sie keiner versteht.«

Die Reise nach Kalifornien und das dortige Klima – insbesondere auch das Arbeitsklima – gefallen Einstein so gut, dass er ernstlich mit dem Gedanken spielt, Deutschland zu verlassen und sich in Amerika eine neue wissenschaftliche Heimat zu suchen. Von sagenhaften Verträgen ist die Rede: 20 000 bis 35 000 Dollar sind als Jahresgehalt im Gespräch. Zunächst wird vereinbart, dass er im nächsten Herbst wieder zu einem Arbeitsbesuch kommen soll.

Nach zwei Monaten kalifornischer Sonne fahren die Einsteins mit der Eisenbahn quer durch den amerikanischen Kontinent zurück nach New York. Unterwegs wird Einstein bei den Hopi-Indianern ein dekorativer

Federschmuck auf den Kopf gesetzt und der Titel »Der große Relative« verliehen. In New York herrscht noch einmal riesiger Jubel mit beängstigenden Menschenaufläufen. Auf einem Festbankett im Hotel Astoria tritt Einstein zugunsten des jüdischen Aufbaus in Palästina auf, wobei er eine Kooperation zwischen Juden und Arabern fordert. Die Aktion bringt eine Viertelmillion Dollar ein.

Nach seiner Rückkehr, Mitte März 1931, ist Einstein nur für einige Wochen in Berlin, dann fährt er nach Oxford, wo er mehrere seit langem vereinbarte Vorlesungen hält. Abgesehen von dieser kurzen Zeit in Berlin, war er mehr als ein halbes Jahr unterwegs gewesen. Endlich kann er nun wieder nach Caputh in sein Sommerhaus zurück und zu seinem Segelboot. Dort nimmt er erneut sein sorgloses Leben auf und empfängt oft Gäste aus aller Welt. Das bescheidene Sommerhaus sieht vermutlich mehr Nobelpreisträger als jedes andere Haus in Brandenburg.

Allerdings kommen auch Gäste, die zumindest in Elsas Augen nicht so willkommen sind. Während Einsteins langjährige Geliebte Toni Mendel beinahe zur Familie gehört, regt sich Elsa über Margarete Lebach, eine junge Österreicherin, gewaltig auf. Doch aller Streit führt nur zu der nüchternen Erkenntnis: Entweder trennt sie sich von ihrem Mann oder aber sie duldet sein Verhalten. Schließlich resigniert Elsa und geht der Rivalin aus dem Wege. Die Haushälterin berichtet: »Jedenfalls kam sie im Sommer einmal in der Woche nach Caputh. Wenn sie kam, fuhr Frau Professor immer nach Berlin, um Bestellungen und andere Besorgungen zu machen. Sie ist da immer gleich früh am Morgen in die Stadt gefahren und kam erst spät am Abend zurück. Sie hat sozusagen das Feld geräumt. Die Österreicherin war jünger als Frau Professor, sah sehr gut aus, war lustig, hat viel und gern gelacht, wie Herr Professor ja auch.«[16]

In diesem Jahr verfasst Einstein Texte für den später veröffentlichten Sammelband »Mein Weltbild«, in dem er vor allem zu philosophischen, religiösen und politischen Fragen Stellung nimmt. Wissenschaftliche Themen spielen nur am Rande eine Rolle, während der Pazifismus und der Kampf gegen den Nationalismus und für die Abrüstung einen großen Raum einnehmen. Die politischen Entwicklungen in Deutschland verheißen nichts Gutes. Zu der Bedrohung durch den Faschismus in Italien und den Nationalsozialismus in Deutschland bezieht Einstein wiederholt entschieden Position. Aber noch scheint alles nicht so gefährlich zu sein. Zu der Reichstagswahl am 30. September 1930, bei der die NSDAP zweitstärkste Partei nach der SPD wurde, hatte er noch beruhigend an eine Presseagentur geschrieben: »Ich sehe in der nationalsozialistischen Bewegung einstweilen nur eine Folgeerscheinung der momentanen wirtschaftlichen Notlage und eine Kinderkrankheit der Republik.«[17]

Doch 1931 formieren sich trotz Einsteins erlangtem Weltruhm seine Gegner wieder und in Leipzig erscheint eine obskure Publikation: »Hundert Autoren gegen Einstein«. Darin heißt es: »Zweck dieser Veröffentlichung ist es, dem Terror der Einsteinianer einen Überblick über Zahl und Gewicht der Gegner und Gegengründe entgegenzustellen«.[18] Von wissenschaftlichen »Gegengründen« ist in dieser Hetzschrift gleichwohl wenig zu finden. Ein gewisser Prof. Dr. Strehl meint schlicht: »Die Theorie von Einstein ist nicht mein Geschmack« und ein Dr. Geisler fordert bündig: »Schluss mit der Einstein-Irrung!« Zu diesem Zeitpunkt muss Einstein diese »Gegner« nicht allzu ernst nehmen.

Nach einem schönen Sommer begibt sich Einstein mit seiner Frau wie vereinbart wieder nach Kalifornien. Auf dem Schiff notiert er in sein Tagebuch, wie er sich seine Zukunft vorstellen könnte, nämlich ein ständiges Pendeln zwischen Europa und Amerika: »Heute entschloss ich mich, meine Berliner Stellung im Wesentlichen aufzugeben. Also Zugvogel für den Lebensrest! Möwen begleiten immer noch das Schiff, beständig fliegend. Sie sollen den Weg zu den Azoren mitmachen. Das sind meine neuen Kollegen.« Er fügt noch hinzu: »Ich lerne auch Englisch, will aber in meinem alten Hirnkasten nicht haften.«[19] Und da wird er Recht behalten. In der Schule hatte er Unterricht in französischer Sprache gehabt, in seiner Jugendzeit die italienische Sprache leidlich gelernt, aber mit Englisch kommt er nicht klar. Bis an sein Lebensende wird er alles, was er veröffentlicht, zunächst auf Deutsch formulieren und dann mühsam übersetzen oder von Hilfskräften und Freunden ins Englische übertragen lassen.

In Pasadena trifft er mit Abraham Flexner zusammen, der als Mitarbeiter der Rockefeller-Stiftung mehrere hundert Millionen Dollar den amerikanischen Universitäten zur Verfügung gestellt hat und nun Einstein für ein neues Projekt gewinnen will. Geplant ist eine Elite-Forschungseinrichtung, in der herausragende Wissenschaftler ohne Verpflichtungen zur Lehre und völlig ungestört ihren Arbeiten und Gedanken nachgehen sollen. Diese Gespräche werden später fortgesetzt und reizen Einstein zusätzlich, auch wenn er noch Bedenken hat, in der fremden Umgebung der amerikanischen Gesellschaft für immer Fuß zu fassen. Dafür berichtet er von anderen Versuchungen und schreibt in sein Tagebuch: »Die junge Dennis will mit mir ein Liebesabenteuer behufs Reklame. Versucht es nun mit Fressalien.«[20]

Im Frühjahr 1932 will sich Einstein in Caputh am liebsten nur seinem Segelboot widmen und sein ungebundenes Leben wieder aufnehmen. Er erhält Besuch von der Familie: Hans Albert stellt seinem Vater den Enkel Bernhard vor und drei Generationen Einstein verbringen ein paar schöne Sommertage an der Havel.

Aber die politische Lage ist inzwischen äußerst ernst und Einstein kann dem nicht tatenlos zusehen. Die Weimarer Republik tritt in ihre tragische Endphase, und der Kampf zwischen den rechten und linken Kräften nimmt immer bedrohlichere Dimensionen an, wobei die linken Parteien sich mitunter selbst stärker bekämpfen als den eigentlichen politischen Gegner. Als die Nationalsozialisten große Wahlerfolge erzielen, versuchen besorgte Politiker und Intellektuelle, die linken Kräfte zu einen, um gemeinsam gegen die drohende Gefahr vorzugehen. Gustav Heckmann – Mathematiker, Philosoph und Schüler von Max Born in Göttingen – verfasst im Frühjahr 1932 ein Papier mit dem Titel »Dringender Appell« als einen der letzten ernsthaften Versuche, die Machtergreifung Hitlers zu verhindern. Vor den Reichstagswahlen im Juli 1932 sammelt er die Unterschriften von prominenten Intellektuellen des linken Spektrums und besucht zu diesem Zweck auch Albert Einstein in Caputh. Der verspricht seine Mitarbeit und stellt über einen gemeinsamen Bekannten die Verbindung zu Ernst Thälmann, dem KPD-Vorsitzenden, her. Beabsichtigt ist es, die KPD, die SPD sowie die Gewerkschaften an einen Tisch zu holen mit dem Ziel, gemeinsam bei den Wahlen anzutreten. Viele Unterschriften kommen zusammen, unter anderem von Käthe Kollwitz, Ernst Toller, Arnold Zweig und Heinrich Mann. Am 18. Juli 1932 findet in Berlin-Charlottenburg eine Kundgebung statt unter dem Motto: »Geistesarbeiter! Schriftsteller, Künstler, Lehrer, Ärzte, Ingenieure, Techniker, Studenten. Wie steht Ihr zu dem Vorschlag? KPD und SPD sollen sich auf Grund gemeinsamer Kandidatenlisten zu einem Einheitsblock zusammenschließen.« Es nützt nicht viel, es kommt zu keiner gemeinsamen Linie und die NSDAP wird am 31. Juli 1932 die mit Abstand stärkste Fraktion im Reichstag.

Gerade zu diesem Zeitpunkt erscheint Flexner aus Kalifornien in Caputh und bringt ein konkretes Angebot mit. In Princeton, einem kleinen Universitätsstädtchen in der Nähe von New York, soll ein Institut für höhere Studien entstehen, und Einstein wäre dort sehr willkommen. Es wird ein wenig verhandelt über das Gehalt, über die Pensionszusagen und eine Anstellung für den Assistenten Mayer, und bald ist alles klar. Einstein gibt seine Zustimmung, Ende des folgenden Jahres, 1933, nach Princeton zu kommen. Allerdings will er nicht völlig übersiedeln, sondern weiterhin in den Sommermonaten in Berlin und Caputh leben. Er informiert das Kultusministerium über seine Pläne und bietet an, auf die Hälfte seines Gehalts zu verzichten.

Doch wenn auch seine persönliche Zukunft gesichert ist, so kann Einstein nicht einfach zusehen, wie Deutschland in die Katastrophe rennt. Er gibt nicht auf und versucht alles, um seine Stimme warnend zu erheben. Sogar eine Schallplatte wird von ihm besprochen, in der er seine persönlichen und politischen Ansichten unter dem Titel »Mein Glaubensbekenntnis« noch einmal unmissverständlich formuliert: »Ich achte stets das Individuum und hege eine unüberwindliche Abneigung gegen Gewalt und gegen Vereinsmeierei. Aus allen diesen Motiven bin ich leidenschaftlicher Pazifist und Antimilitarist, lehne jeden Nationalismus ab, auch wenn er sich nur als Patriotismus gebärdet . . . Ich bekenne mich zum Ideal der Demokratie, trotzdem mir die Nachteile demokratischer Staatsform wohlbekannt sind.«

Beim Völkerbund wird ein Briefwechsel zwischen Einstein und Sigmund Freud unter dem Titel »Warum Krieg?« veröffentlicht, in dem die beiden so ungleichen Partner ihrer Hoffnung Ausdruck geben, dass Kultur und Angst künftigen Kriegen ein Ende bereiten.

Am 1. Dezember 1932 besucht Einstein noch eine Sitzung der Akademie der Wissenschaften, und am 10. Dezember erfolgt die Abreise von Caputh über Antwerpen per Schiff in die USA, wo Einstein seine Wintervorlesungen halten will. Was Albert Einstein und seine Frau noch nicht ahnen: Sie werden Caputh, Berlin und Deutschland nie wiedersehen.

Die letzte Eintragung im Caputher Gästebuch ist wieder von Max von Laue, der sich mit diesem Gedicht verewigt:

Der Einstein ist ein großer Mann
Die ganze Welt weiß, was er kann
Die größte Leistung kennt sie nicht:
Er brachte mich (!) zum ersten Gedicht![21]

Vom Star zum Staatsfeind

Kampf gegen den Nationalsozialismus und Emigration in die USA

1933

Mit der Machtübernahme der Nationalsozialisten im Januar 1933 setzt in ganz Deutschland eine beispiellose Umwälzung ein, die alle Bereiche der Gesellschaft betrifft. Besonders deutlich kann man dies nachvollziehen, wenn man das Geschehen in einem kleinen Ort wie Caputh betrachtet.

Zu dieser Zeit befindet sich Caputh in einer wirtschaftlich schwierigen Lage. Der Haushalt der Gemeinde ist in Schieflage geraten, es gelingt kaum noch, die Löhne für die Bediensteten zum Wochenende zusammenzubekommen. Ein Grund für die wirtschaftliche Notlage ist die extrem hohe Arbeitslosigkeit in Brandenburg und speziell in ländlichen Gegenden wie Caputh. Während im Januar 1933 die berühmten »sechs Millionen« Arbeitslosen im gesamten Deutschen Reich 9,2 Prozent der Bevölkerung ausmachen, hat das kleine Land Brandenburg davon fast eine Million – das sind rund ein Drittel der Einwohner. Die Berichte über kriminelle Ereignisse erregen die Gemüter. Von Einbrüchen ist die Rede und von Wild- oder Fischraub. Auch von politischen Delikten wird berichtet: Flugblätter verbotenen Inhalts werden beschlagnahmt, Gerüchte über versteckte Waffen machen die Runde.

Währenddessen bereitet man die Wahlen für die Gemeindevertretung vor, die am 12. März 1933 stattfinden sollen – eine Woche nach den Reichstagswahlen. Drei Listen treten an: die »Nationale Einheit« unter Führung der NSDAP, die »Grund- und Landhausbesitzer« der bürgerlich-konservativen »Sommerhäusler« sowie die linke Liste »Arbeiter und Obstzüchter« von SPD und KPD. Diese Gemeindewahlen sind die letzten halbwegs freien Wahlen, die Caputh für Jahrzehnte erleben wird, doch auch sie stehen bereits im Zeichen des Terrors. Die »Potsdamer Zeitung« berichtet vor der Wahl: »Ferner wird uns mitgeteilt, daß am Sonntag einige hundert Mann SA und SS nach Caputh beordert sind, um sich hier tagsüber aufzuhalten.«

Den Ruf als »marxistische Hochburg« kann Caputh bei der Wahl noch halbwegs unter Beweis stellen. Immerhin 44 Prozent der Stimmen erreicht die linke Liste; bei den Reichstags- und Landtagswahlen eine Woche zuvor hatten die linken Parteien nur 25 bis 30 Prozent gewonnen.

Dann geht alles sehr schnell. Die »Machtergreifung« der Nationalsozialisten vollzieht sich wie überall in Deutschland zügig und vollständig. Die linken Gemeindevertreter werden erst gar nicht zur ersten Sitzung der Gemeindevertretung eingeladen oder geben entnervt ihr Mandat auf, der Bürgermeister sowie der

Schulleiter werden ihres Amtes enthoben. Und am 20. April – dem Geburtstag Hitlers – kann die ebenfalls längst mundtot gemachte Presse melden: »Der Fackelzug zum Geburtstag des Reichskanzlers war mehr als ein langer Zug leuchtender Fackeln, er war das Bekenntnis eines ganzen Ortes zu dem Führer.«

Um dem Publikum etwas zu bieten, entfalten die neuen Machthaber die ganze Palette des nationalen Pathos: Kranzniederlegungen unter wehenden Fahnen, Pflanzen einer deutschen Eiche zu Ehren des »Führers«, Kirchgang mit der Hakenkreuzfahne; bereits im April wird eine Straße nach Adolf Hitler, eine weitere nach Horst Wessel umbenannt. Und wenig später kündigt sich noch deutlicher die nahende Katastrophe auch in Caputh an. In einer Zeitungsnotiz wird mitgeteilt, dass »auf Anordnung des Landrats der Zimmermann Walter B. aus Caputh, Ziegelstraße, dem Konzentrationslager Oranienburg überwiesen« wurde wegen angeblich kritischer Äußerungen zur SA.

Es ist schon frappierend, wie rasch und vollkommen in diesen wenigen Monaten zu Beginn des Jahres 1933 sich das gesamte gesellschaftliche Leben verändert, in Caputh und anderswo. Nahezu alle Elemente der Gewaltherrschaft sind bereits vorhanden: Aneignung und Missbrauch der nationalen Tradition, Diskriminierung und Verfolgung Andersdenkender, physischer und psychischer Terror bis hin zu Konzentrationslagern.

Wie erleben die Einsteins diese Zeit? Sie befinden sich im fernen Kalifornien und erhalten nur spärliche Nachrichten aus Deutschland. Aber Einstein schreibt der »Österreicherin« Margarete Lebach Ende Februar nach Berlin: »Im Hinblick auf Hitler wage ich es nicht, deutschen Boden zu betreten.« Und Anfang März gibt er auch der Presse bekannt, dass er nicht mehr nach Deutschland zurückkehren will: »Solange mir eine Möglichkeit offensteht, werde ich mich nur in einem Land aufhalten, in dem politische Freiheit, Toleranz und Gleichheit aller Bürger vor dem Gesetz herrschen. Zur politischen Freiheit gehört die Freiheit der mündlichen und schriftlichen Äußerung politischer Überzeugung, zur Toleranz die Achtung vor jeglicher Überzeugung eines Individuums. Diese Bedingungen sind gegenwärtig in Deutschland nicht erfüllt.«[1] Mit dieser deutlichen Stellungnahme gehört Einstein zu den wenigen Intellektuellen und Wissenschaftlern Deutschlands, die den Mund aufmachen und den Machthabern die Stirn bieten.

Nach einem kurzen Besuch in Princeton kehren Einstein und seine Frau Mitte März 1933 nach Europa zurück. Während der Überfahrt erhält er alarmierende Nachrichten: Brand des Reichstags, Verbot von KPD und SPD, Aufhebung wichtiger Bürgerrechte, Reichstagswahlen mit absoluter Mehrheit für NSDAP und Nationalkonservative, Ermächtigungsgesetz mit Entmachtung der parlamentarischen Kontrollorgane, erste

Ausschreitungen gegen jüdische Mitbürger und der »Tag von Potsdam«, bei dem in der Garnisonskirche mit den Akteuren Hindenburg und Hitler der Nationalsozialismus »gesellschaftsfähig« gemacht wurde. Noch auf dem Schiff erklärt Einstein seinen Austritt aus der Akademie der Wissenschaften.

Max Planck – der Förderer Einsteins – versucht, den berühmten Gelehrten noch einmal umzustimmen, merkwürdigerweise mit dem seltsamen Argument, dass dieser seinen »Stammes- und Glaubensgenossen« mehr schade als nütze. Er schreibt: »Da ich in dieser Zeit oft an Sie denke, muß ich doch auch einmal meinen Gedanken Ausdruck geben, damit Sie, wie es sich gehört, darüber unterrichtet sind, was in mir vorgeht. Ich erfahre mit tiefer Bekümmernis allerlei Gerüchte, die sich über Ihre öffentlichen und privaten Kundgebungen politischer Art in dieser unruhigen und schwierigen Zeit gebildet haben. Ich bin nicht in der Lage, ihre Bedeutung zu prüfen. Nur das eine sehe ich ganz klar, daß diese Nachrichten es allen denen, die Sie schätzen und verehren, ausserordentlich schwer machen, für Sie einzutreten. Doch davon will ich weniger reden, als davon, daß Ihre Stammes- und Glaubensgenossen hier dadurch in ihrer ohnehin schon schwierigen Lage keineswegs erleichtert, sondern noch viel mehr gedrückt werden.«[2]

Planck drückt in seinem Brief die Haltung vieler Menschen der damaligen Zeit aus, die so verhängnisvolle Folgen haben wird. Selbst diejenigen, die dem neuen Regime kritisch gegenüberstehen, meinen, es wäre ihre Pflicht, Ruhe zu bewahren, die Machthaber nicht zu reizen und darauf zu vertrauen, dass alles »nicht so schlimm« werden und der Spuk der Nationalsozialisten wieder verschwinden würde. Auch viele Bürger jüdischer Abstammung können sich zu diesem Zeitpunkt einfach nicht vorstellen, dass der vielfach beschworene Ruf nach »Recht und Ordnung« sehr bald in einen Unrechtsstaat führen wird.

Bei Einstein dagegen ist die Entscheidung endgültig gefallen. Die Akademie ihrerseits ist bereits so weit heruntergekommen, dass sie – wenn auch einzelne Mitglieder wie Max von Laue protestieren – Einstein als Reaktion auf seine Austrittserklärung einen beschämenden Fußtritt versetzt. Kein Wort des Dankes oder der Anerkennung, sondern am 1. April 1933, also ausgerechnet an dem von der Regierung verordneten »Tag des Judenboykotts«, erfolgt dieses Schreiben: »Die Preußische Akademie der Wissenschaften hat mit Entrüstung von den Zeitungsnachrichten über die Beteiligung Albert Einsteins an der Greuelhetze in Amerika und Frankreich Kenntnis erhalten ... Die Preußische Akademie der Wissenschaften empfindet das agitatorische Auftreten Einsteins im Auslande um so schwerer, als sie und ihre Mitglieder seit alten Zeiten sich aufs engste mit dem preußischen Staate verbunden fühlt ... Sie hat aus diesem Grunde keinen Anlaß, den Austritt Einsteins zu bedauern.«[3]

Max von Laue ist empört und versucht, in einer Sitzung der Akademie zu retten, was nicht mehr zu retten ist. Sein Antrag wird abgeschmettert, es folgen stattdessen noch weitere Briefe der Akademie, in denen Einstein verunglimpft wird.

Elsa und Albert Einstein haben sich in einem kleinen Ferienhaus in den Dünen des belgischen Badeortes »Le Coq sur Mer« notdürftig eingerichtet; dieser Ort ist auch unter seinem flämischen Namen »De Haan« auf der Landkarte zu finden. »Königs«, also König Albert und seine Frau Elisabeth, stellen Wachpersonal ab, um die Besucher zu schützen, denn inzwischen kommen aus Deutschland regelrechte Morddrohungen. In einer Hetzbroschüre in Berlin stehen zu Einstein die unglaublichen Worte: »Wurde von der Judenpresse und dem ahnungslosen deutschen Volk hoch gefeiert, dankte dies durch verlogene Greuelhetze gegen Adolf Hitler im Auslande. (Ungehängt.)«[4]

Von Belgien aus nimmt Einstein den Kampf gegen Unrecht und Ungerechtigkeit auf. Er fährt mehrmals über den Ärmelkanal nach England, spricht mit Winston Churchill und tut alles, um die Öffentlichkeit aufzurütteln und das wahre Gesicht der neuen Machthaber in Deutschland zu enthüllen. Einstein ist ungewöhnlich klarsichtig und macht sich keinerlei Illusionen über die Zukunft, sagt die Vernichtung der deutschen Juden voraus und steht wieder einmal mit seiner Meinung fast allein. Selbst seinen Pazifismus gibt er auf und sieht als einziges Mittel nun militärische Schritte gegen das Dritte Reich. Einem Pazifisten, der nicht an Kriegspläne Hitlers glaubt, schreibt Einstein: »Wissen Sie nicht, daß in Deutschland fieberhaft gerüstet wird? Und daß die gesamte Bevölkerung nationalistisch verhetzt und zum Kriege gedrillt wird? Ich hasse Militär und Gewalt jeder Art. Ich bin aber fest davon überzeugt, daß heute dieses verhaßte Mittel den einzigen wirksamen Schutz bildet.«[5]

Auch in Fragen der Wehrdienstverweigerung ändert er nun radikal seine Meinung und erklärt: »Unter den heutigen Umständen würde ich als Belgier den Kriegsdienst nicht verweigern, sondern ihn in dem Gefühl, der Rettung der europäischen Zivilisation zu dienen, gerne auf mich nehmen.« Diese Nachricht schlägt wie eine Bombe ein. Die Pazifisten in Frankreich, England und Amerika fallen über Einstein her und bezichtigen ihn des Verrats. Einstein erklärt immer wieder, dass sich nicht seine Einstellung, sondern die politische Situation verändert habe. Viele werden ihn erst später verstehen, nachdem sich die schlimmsten Befürchtungen bewahrheitet haben.

In Berlin wird inzwischen seine Wohnung durchsucht und SA-Leute transportieren mit einem Lastwagen Wertgegenstände ab. Die verängstigte Haushaltshilfe Herta und die Sekretärin Helene Dukas müssen hilflos zusehen und geben erfolglos eine Anzeige bei der Polizei auf. Immerhin werden die meisten Briefe und persönlichen Papiere Einsteins gerettet und als Diplomatengepäck des französischen Botschafters getarnt zu Einstein ins Exil geschickt. Nach und nach begeben sich die Menschen, die Einstein nahe stehen, ebenfalls in die Emigration: Ilse geht mit ihrem Mann nach Paris, Margot und Helene Dukas fahren gemeinsam mit Walther Mayer nach Le Coq, wo es allmählich eng wird.

In Deutschland inszenieren die Nationalsozialisten ein irrwitziges Verfahren zur »Ausbürgerung« Einsteins, obwohl dieser selbst längst diesen Schritt vollzogen hat. Wieder einmal wird zu klären versucht, ob er Deutscher oder Schweizer ist – ein Problem, zu dem Einstein in der Öffentlichkeit nie so richtig Stellung genommen hat. Noch im November 1932 beantwortet er eine entsprechende Anfrage mit einem seiner unvergleichlich trockenen Kommentare: »Ihre Frage wegen der Staatsangehörigkeit kann ich nicht beantworten, da ich mir hierüber noch keine Gedanken gemacht habe.«[6] Es sieht so aus, als versuchte man, auch auf diese Art in aller Form Rache an ihm zu nehmen: »Man hat Einstein gewissermaßen nochmals zum Preußen gemacht, um ihn dann hinauswerfen zu können.«[7]

Dann werden seine Wertpapiere und Bankkonten – sowie die seiner Frau – beschlagnahmt und enteignet, auch das Segelboot in Caputh. Nur das Sommerhaus an der Havel bleibt vorerst vor den Übergriffen der Behörden sicher; vorsichtigerweise hatten seinerzeit die Einsteins das Haus samt Grundstück auf den Namen der Töchter Ilse und Margot im Grundbuch eintragen lassen. Da gegen die beiden Geschwister zunächst nichts vorliegt, lässt man sie und ihr Eigentum in Ruhe.

Elsa erhebt allerlei Einsprüche gegen diese Willkür, doch Einstein selbst hält solche Korrespondenz für zwecklos und überflüssig und meint: »Die Deutschen mögen mein bißchen Geld fressen.«[8]

Einstein wird also als »Volksverräter ausgestoßen aus der deutschen Volksgemeinschaft«, wie es in der Zeitung heißt[9], ebenso wie Otto Wels, Wilhelm Pieck, Rudolf Breitscheid, Kurt Tucholsky, Ernst Toller, Alfred Kerr, Heinrich Mann, Lion Feuchtwanger und viele, viele andere.

Mit diesen Vertreibungen und Ausweisungen beginnt in Deutschland endgültig der Abstieg eines einst führenden Landes in Wissenschaft und Kultur. Öffentlich angestellte Dozenten und Professoren, die man als »nichtarisch« einstuft, werden systematisch aus den Universitäten vertrieben. Da viele jüdische Bürger sich nicht mehr zu ihrer Religion bekennen und an sich damit nicht mehr als jüdisch gelten, verlagern die Nationalsozialisten ihre rassistischen Ideen auf das religiöse Bekenntnis der Großeltern. Als »nichtarisch« gilt nun, wenn ein Elternteil oder Großelternteil der jüdischen Religion angehört hat. Auf diese Art und Weise vertreibt Deutschland tausende von hervorragenden Wissenschaftlern; selbst einst so patriotische Männer wie Fritz Haber befinden sich nun im Ausland.

Mitten in diese höchst aktive Phase politischer Aktivitäten platzt eine beunruhigende Nachricht aus Zürich. Einstein erfährt, dass sein Sohn Eduard schwer erkrankt ist und er wegen Schizophrenie in einer psychiatrischen Klinik behandelt wird. Nach seiner Entlassung soll Einstein sich nach Meinung seines Freundes Besso um den Sohn kümmern, ihn sogar zu sich nehmen. Nach Monaten des Abwartens und immer verzweifelteren Nachrichten von Mileva fährt Einstein aus seinem belgischen Exil über Frankreich nach Zürich und besucht seinen Sohn in der Klinik. Es ist nicht bekannt, wie diese Begegnung zwischen Sohn und Vater verläuft. Aber es ist das letzte Mal, dass Einstein Eduard sieht.

Als die Drohungen gegen Regimegegner immer deutlicher werden und der Philosoph Theodor Lessing ermordet wird, hat Elsa keine ruhige Minute mehr und drängt ihren Mann, Belgien zu verlassen und ins vergleichsweise sichere England zu gehen. Dies tun sie dann auch und Einsteins beziehen in Norfolk an der Nordseeküste ein Holzhaus.

In England, der Schweiz und den USA werden Hilfsorganisationen gegründet, die den emigrierten deutschen Hochschullehrern Gelder zur Verfügung stellen oder für sie eine neue Anstellung beschaffen. Einstein ist begeistert von dieser Arbeit und setzt sich für die Gründung einer deutschen Flüchtlingsuniversität im Ausland ein. Aus dieser Idee wird zwar nicht viel, dennoch entwickeln sich die Hilfsorganisationen zu den wichtigsten Stellenvermittlungen für emigrierte deutsche Wissenschaftler.

Am 3. Oktober 1933 hält Einstein in der Londoner Royal Albert Hall vor 10 000 Zuhörern eine Rede zugunsten der Hilfsorganisationen für deutsche Flüchtlinge und bedient sich erstmals öffentlich der englischen Sprache. Das klingt in englischen Ohren zwar etwas unbeholfen, doch Einstein wird in der britischen Presse gefeiert als »Symbol des Geistes, der die kalten Regionen des Alls durchstreift« sowie als »Symbol der Tapferen und Hochherzigen, ein Verstoßener, aber reinen Herzens und heiterer Gesinnung«. Als er seine Rede beendet, stehen die Zuschauer auf und singen gemeinsam: »For he is a jolly good fellow«.

Eine Woche später gehen Elsa und Albert Einstein zusammen mit Helene Dukas und Walther Mayer in Southampton an Bord eines amerikanischen Überseedampfers, der Richtung USA in See sticht. Sie reisen nur mit einem Besuchervisum für ein halbes Jahr und wollen im Frühjahr nach Europa zurückkehren. Was sie noch nicht wissen: Sie verlassen Europa für immer. Am 17. Oktober 1933 legt das Schiff in New York an.

Ein Neuanfang mit Hürden
Princeton als neue Heimat
1934–1939

Die Ankunft in der neuen Heimat USA verläuft ganz anders als bei Einsteins vorherigen Besuchen. Während der Bürgermeister von New York ihn mit dem üblichen Presserummel am Hafen abholen will, hat sich der berühmte Besucher bereits von einem kleinen Boot an Land bringen lassen und befindet sich auf der Fahrt nach Princeton.

Dieser kleine Ort, eine Stunde Bahnfahrt von New York City entfernt, ist ganz nach Einsteins Geschmack. Das Städtchen mit gerade mal 7000 Einwohnern macht den Eindruck einer altenglischen Universitätsstadt. Die Gebäude der Universität sind mit grauem Naturstein errichtet, die Wohnviertel von den typisch amerikanischen Holzhäusern geprägt. In einem Haus in der Nähe der Universität und dem »Institute for Advanced Study«, an dem Einstein nun eine Professur ausübt, mieten die Einsteins eine Wohnung.

In einem Brief an Königin Elisabeth von Belgien kommentiert Einstein seine ersten Erfahrungen in der neuen Heimat so: »Princeton ist ein wundervolles Stückchen Erde und dabei ein ungemein drolliges zeremonielles Krähwinkel winziger stelzbeiniger Halbgötter. Man kann sich aber durch Verstoß gegen den guten Ton eine schöne Ungestörtheit verschaffen, und dies tue ich.«[1]

Mit dem Gründer des Instituts, Abraham Flexner, gibt es bald Streit. Flexner hält nämlich nicht viel von Einsteins Extratouren und seinen öffentlichen Auftritten. Er will das Ideal einer Wissenschaftlergemeinschaft in aller Stille und Zurückgezogenheit durchsetzen und ist daher nicht sehr weit entfernt von den konservativen deutschen Professoren, die die Einmischung in politische und gesellschaftliche Fragen für einen Wissenschaftler als untragbar ablehnen. Als Flexner ständig in Einsteins Aktivitäten hineinredet und ihm Auftritte wie etwa bei einem Wohltätigkeitskonzert untersagen will, empört sich Elsa, die sich und ihren Mann gerne in der Öffentlichkeit präsentiert. Sie schreibt an Flexner: »Mein Mann ist Ihnen sehr dankbar für den Schutz, den Sie ihm angedeihen lassen. Aber allzuweit darf die Sache nicht gehen, sonst fühlt er sich unfrei, und das wollen Sie doch nicht . . . Niemals hätte einer der Präsidenten der Akademie auch nur im leisesten den Mut gehabt, diesem Manne irgendwelche Vorschriften zu machen.«[2]

Als der amerikanische Präsident Franklin D. Roosevelt den Wunsch äußert, mit Einstein im Weißen Haus zusammenzutreffen, öffnet Flexner hinter Einsteins Rücken den Einladungsbrief und gibt dem Präsidenten einen Korb. Als Einstein davon erfährt, ist er so wütend, dass er alle Kontrolle verliert. Er unterzeichnet Briefe mit der Absenderangabe »Konzentrations-Lager Princeton«[3] und droht, seinen Aufenthalt in Princeton zu beenden. Flexner gibt nach und das Verhältnis zwischen den beiden kommt wieder halbwegs in Ordnung.

Der Besuch im Weißen Haus in Washington findet im Januar 1934 statt. Roosevelt und seine Frau Eleanor bewirten Elsa und Albert Einstein bei einem Abendessen in kleinem Kreis mit anschließender Übernachtung beim Präsidentenpaar. Da Roosevelt ausgezeichnet Deutsch spricht, kommt es zu einem lebhaften Gedankenaustausch. Elsa schlägt dem Präsidenten vor, er solle »so wüscht wie möglich« zu den Deutschen sein, was für allgemeine Heiterkeit sorgt.

Elsa wird in der amerikanischen Fremde nicht richtig heimisch. Sie vermisst ihre Töchter und klagt, dass sie sich »unendlich allein« fühle. Ihrem Mann gegenüber empfindet sie so etwas wie Neid, wenn sie sagt: »Er hat es ja überall gut, wo er ist.«[4] Als Ilse im Frühjahr schwer an Tuberkulose erkrankt und von ihrer Schwester Margot in Paris gepflegt wird, fährt Elsa alleine nach Europa. Dort muss sie hilflos mit ansehen, wie ihre Tochter im Alter von nur 37 Jahren stirbt.

Einstein findet im Sommer 1934 einen Ersatz für Caputh. An der Küste von Rhode Island mietet er gemeinsam mit dem Röntgenologen Walter Bucky, den er bereits aus Berlin kennt, ein Sommerhaus und kann wieder segeln. Sein Boot ist eine Sechsmeter-Yacht aus Holz und wird auf den Namen »Tinnef« getauft. Obwohl das Meer hier am Atlantik weitaus bewegter und damit auch gefährlicher ist als die stillen Havelseen um Caputh, verschmäht Einstein Hilfsmotor und Schwimmweste. Seine Meinung: »Wenn ich schon ersaufe, dann ehrlich.«[5]

Als Elsa nach dem Tod ihrer Tochter nach Amerika zurückkehrt, findet sie bei ihrem Mann, der in ausgezeichneter Sommerlaune ist, kaum Mitgefühl. Elsa meint resigniert: »Nichts von all dem Schweren tritt wirklich an ihn heran, er ist in der glücklichen Lage, alles von sich abschütteln zu können.«[6]

Fachlich kann sich Einstein in Princeton ganz seinen Interessen widmen: der Entwicklung der einheitlichen Feldtheorie und damit der »Weltformel«. In Fragen der Physik ist er nun endgültig zu einem Außenseiter geworden. Nach wie vor lehnt er die Quantentheorie ab, hält sie zumindest nicht für ausreichend. Mit zwei jungen Wissenschaftlern in Princeton – Boris Podolsky und Nathan Rosen – mischt er sich aber dennoch in die aktuelle Diskussion ein. Gemeinsam veröffentlichen sie einen Aufsatz, in dem sie bezweifeln, dass die Quantenmechaniker die physikalische Realität korrekt interpretieren. Diese Arbeit geht als »Einstein-Podolsky-Rosen-Paradoxon« oder kurz »EPR« in die

Wissenschaftsgeschichte ein und sorgt für einige Aufregung – bis heute.

Im Mittelpunkt steht ein von Einstein so geliebtes Gedankenexperiment, das sich einem Phänomen widmet, welches heute als »Verschränkung« bezeichnet wird. Danach gibt es Teilchen, die offenbar miteinander in Verbindung stehen, und zwar auch dann, wenn sie meilenweit voneinander entfernt sind. Einstein stellt fest, dass die Teilchen durch eine Art Telepathie verbunden sein müssten. Solch eine »spukhafte Fernwirkung« sei aber unmöglich und daher paradox. Heisenberg, Pauli, Schrödinger und viele andere lehnen die Einstein'schen Argumente ab, machen sie lächerlich, wobei Heisenberg sich geradezu herablassend äußert. Als frisch gekürter Nobelpreisträger des Jahres 1932 meint er, Einsteins Einwände seien für einen »Studenten in jüngeren Semestern«[7] ganz intelligent, könnten aber doch nicht für voll genommen werden. Deutlich wird, dass die jüngeren Physiker Einstein inzwischen zum alten Eisen zählen.

Kurios ist: Was damals von Einstein als Einwand *gegen* die Quantenmechanik gemeint war, ist heute eines der wichtigsten Argumente *für* diese Theorie: Verschränkte Teilchen bieten die Grundlage für die Arbeiten an der »Teleportation«. Dabei geht es um die Annahme, dass man Teilchen oder gar Gegenstände verschwinden und an einem anderen Ort identisch wieder erscheinen lassen kann. In der Science-Fiction-

Serie »Star Trek« etwa wurde das Phänomen des »Beamens« zur Darstellung phantastischer Zeitreisen genutzt. Diese futuristisch anmutende Art des Transports ist jedoch keine reine Science Fiction, sondern scheint unter bestimmten Bedingungen in der Wirklichkeit tatsächlich zu funktionieren. 1997 gelang es dem Wiener Physiker Anton Zeilinger erstmals, eine Teleportation experimentell nachzuweisen. Er zeigte, dass bei der Spaltung eines hochenergetischen Photons in zwei energieärmere Photonen die beiden ihre Eigenschaften fortan gemeinsam haben. Es entstehen »Quanten-Zwillinge« mit verblüffenden Eigenschaften: Ändert man den Zustand des einen Teilchens, so ändert sich gleichzeitig der Zustand des anderen, egal wie weit es von seinem Zwilling entfernt ist. Zeilinger konnte mit diesem Verfahren verschlüsselte Informationen vollkommen abhörsicher übertragen, sie »beamen«.

Dieses Phänomen ist den Physikern auch heute noch ein Rätsel; benötigt wird offenbar ein neuer Begriff der Wirklichkeit. Wenn auch die meisten Forscher bezweifeln, dass es jemals möglich sein wird, große Objekte oder gar Menschen zu beamen, halten doch viele eine praktische Anwendung im Bereich der Informationsübertragung für denkbar. Eine sinnvolle Nutzanwendung wäre die Entwicklung eines »Quantencomputers«, in dem Atome die Arbeit des Rechenwerks übernehmen. Dieses Beispiel zeigt, wie Einsteins Ideen heute noch Forscher beschäftigen, selbst dann, wenn sie von ihm nur als Gegenargumente gebraucht worden sind.

Im Frühjahr 1935 findet man in Deutschland einen Weg, das Sommerhaus in Caputh zu beschlagnahmen. Es war nach dem Wegzug Einsteins an ein benachbartes jüdisches Kinderheim vermietet worden und aus diesem Grunde ein doppeltes Ärgernis für den nationalsozialistischen Bürgermeister. Obwohl Ilse und Margot als Eigentümerinnen eingetragen sind, wird das Haus wegen »staats- und volksfeindlicher Umtriebe« vom Staat kurzerhand »arisiert«, wie man die Enteignung jüdischer Mitbürger bezeichnet. Einstein versucht in den ersten Jahren nach der Emigration auf unterschiedlichen Wegen gegen die Enteignung seines Vermögens und die »Einziehung« des Landhauses gerichtlich vorzugehen. Vor allem von der Schweizerischen Gesandtschaft und diversen Rechtsanwälten erhofft er sich Erfolg mit der Argumentation, er sei niemals deutscher Staatsbürger gewesen, sondern als Bürger des Kantons Zürich Schweizer. Letztlich bleibt auch dieser Weg erfolglos und er kommentiert dies später reichlich verbittert so: »Ich habe nicht vergessen, daß die Schweizer Behörde mir in keiner Weise beigestanden ist, als Hitler mir alle Ersparnisse raubte, auch die für meine Kinder bestimmten.«[8]

Mit Deutschland hat Einstein nun endgültig abgeschlossen und er empfindet seinen Entschluss als psychische Befreiung. In Princeton kaufen die Einsteins ein altes, weißes Holzhaus in der ruhigen und von Vorgärten gesäumten Mercer Street; von nun an wird dort der Arbeitsplatz Albert Einsteins sein. Diesmal wird Elsa in das Grundbuch als Eigentümerin eingetragen, Einstein will sich nicht mit Besitz belasten. Elsa schreibt zu dem neuen Haus: »Es ist ein Haus im reinen Kolonialstil, liegt mitten im schönsten Teil von Princeton; nach rückwärts hat es einen zauberhaft schönen Garten.«[9] Zum Institut ist es gut eine halbe Stunde Fußweg, den Einstein oft entlangwandert. Seine Gedanken gehen dann zurück nach Deutschland und nach Caputh. Aber seinen Humor – oder seinen Sarkasmus – verliert er nicht. Er scherzt, dass sein Segelboot und seine Freundinnen in Deutschland geblieben sind: »Hitler hat aber nur ersteres genommen, was für letztere beleidigend ist.«[10]

Einstein will jetzt auch amerikanischer Staatsbürger werden, um seine Loslösung von Europa zu demonstrieren. Nach den damaligen Bestimmungen muss er zu diesem Zweck einen Antrag bei einem amerikanischen Konsul stellen. Einen solchen gibt es aber nicht in den USA, sondern nur im Ausland. Einstein fährt also mit seiner Frau, Helene Dukas und der zu Besuch in Princeton weilenden Margot für einige Tage auf die britischen Bermudas, dem Inselstaat im Atlantik, der wegen des Alkoholverbots in den USA seit einiger Zeit von Touristen nicht nur wegen der schönen Strände in

Massen besucht wird. Dort erhalten die vier ein unbefristetes Visum für die USA und müssen jetzt nur noch die notwendige Frist von fünf Jahren abwarten. Diese Reise ist die letzte, bei der Einstein die Vereinigten Staaten verlässt.

Im Winter 1935, kurz nach dem Einzug in das neue Haus, erkrankt Elsa schwer; sie hat Nieren- und Herzprobleme und muss ins Krankenhaus. Sie trauert noch immer sehr um die früh verstorbene Tochter Ilse, zudem macht sie sich Sorgen um ihre zweite Tochter Margot, deren Ehe mit »Dima« inzwischen gescheitert ist. Anfang Dezember 1936 diktiert Elsa ihrem Mann ihr Testament von ganzen acht Zeilen und setzt Margot darin als Erbin für das Haus in Princeton ein. Einer Freundin schreibt sie, dass sich ihr Mann rührend um sie bemühe: »Ich habe nie gedacht, daß er mich so liebte. Und das tröstet mich.«[11] Am 20. Dezember 1936 stirbt Elsa kurz vor ihrem 61. Geburtstag – doch in der Sterbeurkunde ist ihr Alter mit 58 Jahren angegeben. Sie hatte sich bei der Anmeldung in den USA um fast drei Jahre jünger gemacht.

Einstein findet sich in die neue Situation schnell ein. An Max Born schreibt er über seine Gefühle nach dem Tod seiner Frau: »Ich habe mich hier vortrefflich eingelebt, hause wie ein Bär in meiner Höhle und fühle mich eigentlich mehr zuhause als je in meinem wechselvollen Leben. Diese Bärenhaftigkeit ist durch den Tod der mehr mit den Menschen verbundenen Kameradin noch gesteigert.«[12] Seine Einsamkeit dauert jedoch nicht allzu lange. Helene Dukas übernimmt nun die Rolle der Hausfrau wie auch der Sekretärin, Margot zieht als neue Hausherrin zu ihm und auch seine Schwester Maja kommt. Maja und ihr Mann Paul Winteler hatten sich in der Toskana in der Nähe von Florenz mehr schlecht als recht durchgeschlagen, er als Maler, sie als Betreiberin eines kleinen Gutshofes mit Sommergästen. Nun fühlt sich Maja in dem faschistischen Italien nicht mehr sicher und wandert nach Amerika aus. Doch sie muss ihren Mann zurücklassen. Die Einreisebestimmungen in die USA sind hart und wegen seiner angeschlagenen Gesundheit bekommt er keine Einreiseerlaubnis. Hans Albert mit Frau Frieda und Sohn treffen ebenfalls in den USA ein und ziehen nach Kalifornien, wo Hans Albert eine Stellung an der Universität in Berkeley erhält.

Bei diesen und noch vielen anderen Einwanderungen hilft Einstein, so gut er kann. Er bemüht sich nicht nur um Verwandte, sondern auch um Menschen, denen er in Deutschland nur flüchtig begegnet war. Er streckt die Reisekosten vor, zahlt Unterstützungsgelder und stellt vor allem »Affidavits« aus. Dies sind eidesstattliche Bürgschaftserklärungen, die ein Bekannter oder Verwandter ausstellt und sich darin verpflichtet, für den Unterhalt des Einwanderers zu sorgen, falls dieser in Not gerät und sich nicht selbst ernähren kann. Einstein stellt so viele dieser Erklärungen aus, dass er manchmal den Überblick verliert.

Obwohl Einstein auf die Besetzung der Stellen an seinem Institut keinen Einfluss hat, versucht er auch dort, emigrierte Wissenschaftler zu empfehlen. Er wird um unzählige Gutachten gebeten, die, obwohl positiv, nicht immer zum Erfolg führen. Einstein schreibt dies zum Teil einem amerikanischen Antisemitismus zu, der auch in Eliteeinrichtungen wie der in Princeton spürbar ist. Er schreibt an einen Bekannten: »Sie wissen ja selber, wie schwer es ist, hier Juden überhaupt und doppelt schwer, ausländische Juden an Universitäten zu bringen.«[13] Dieser Antisemitismus hat einen anderen Charakter als in Deutschland; er resultiert aus der Exklusivität, die an amerikanischen Universitäten herrscht. Man bleibt unter sich und trifft sich in Clubs, wo Außenseiter wie Juden, Farbige oder sozial Niedrigstehende nicht gern gesehen sind. In den 1920er und 1930er Jahren gab es an verschiedenen amerikanischen Universitäten – wie auch in Princeton – Quoten für jüdische Studenten.

Einstein legt bei Wissenschaftlern allerdings eine hohe Messlatte an, wenn es um deren Qualität geht. Er schreibt keine Gefälligkeitsgutachten, sondern ist immer direkt und offen, wie man es von ihm gewohnt ist. Über einen österreichischen Physiker, der 1938 nach dem »Anschluss« Österreichs an das Hitler-Reich in die USA möchte, schreibt Einstein geradezu Vernichtendes: »Er verdient in hohem Masse, dass man ihm hilft. Andererseits glaube ich aber nicht, dass bei dem gegenwärtigen Überangebot an Forschern auf dem Gebiet der theoretischen Physik eine Fakultät in diesem Land ihn als Lehrer anstellen wird, wenn er herkommt.«[14] Der bemitleidenswerte Österreicher kommt dann doch noch über einen anderen Weg ins amerikanische Exil.

Einem polnischen Wissenschaftler – Leopold Infeld – kann Einstein auf unkonventionelle Weise helfen. Als Infelds Stipendium 1938 in Princeton abläuft, schlägt er vor, mit Einstein gemeinsam ein populäres Buch zu schreiben. Das würde jeder Verlag mit Vergnügen annehmen und Infeld könnte von den Vorschüssen leben. Einstein stimmt zu: Innerhalb von sechs Monaten formuliert Infeld die Gedanken Einsteins, was ihm sicherlich nicht so leicht fällt, denn er denkt in Polnisch, diskutiert mit Einstein auf Deutsch und schreibt auf Englisch.[15] Das Buch »The Evolution of Physics«, das im gleichen Jahr in Holland als deutschsprachige Ausgabe unter dem Titel »Die Physik als Abenteuer der Erkenntnis« erscheint, sorgt nochmals für Wirbel. Der renommierte New Yorker Verlag Simon and Schuster erreicht, dass das Werk zum »Buch des Monats« ausgewählt wird. Als Einstein allerdings einige werbegeeignete Sätze zu dem Buch sagen soll, antwortet er kurz angebunden: »Was ich über das Buch zu sagen habe, steht in dem Buch.«[16]

Viele Immigranten kreuzen Einsteins Weg in Princeton. Thomas Mann ist zeitweilig dort Gastprofessor, wird aber mit dem Wissenschaftler nicht so richtig warm, obwohl sich beide einig sind in ihrer bedingungslosen Abscheu gegenüber den Nationalsozialisten. Der Sohn von Thomas Mann – Klaus – berichtet von einer eher lustigen Begegnung: »Mir blieb das Herz stehen, noch nie einen Mythos auf mich zuschreiten gesehen! . . . Er erschrak ein bißchen, als ich auf ihn zusprang – atemlos, wie nach einem langen Lauf. ›Verzeihung‹, sagte ich, und jetzt kommt das beschämend Idiotische, ›dürfte ich vielleicht um ein Autogramm bitten?‹«[17]

Wissenschaftlich beschäftigt sich Einstein in dieser Zeit mit drei Themen: Zunächst schreibt er eine Erweiterung seiner Allgemeinen Relativitätstheorie, mit der er eine Verbindung zur Quantenmechanik erreichen möchte, was ihm allerdings nicht überzeugend gelingt. Das zweite Thema ist die Auseinandersetzung mit den Quantenphysikern, und drittens schließlich die Arbeit an seiner »Weltformel«, der einheitlichen Feldtheorie. Das sind alles Themen, die in der zeitgenössischen Physik nicht allzu viel Beachtung finden, und so forscht und denkt Einstein meistens für sich allein mit einer unerschütterlichen Zuversicht.

Bei einem Aufsatz über die so genannten »Gravitationswellen« blitzt noch einmal Einsteins Kreativität und Genialität auf. Solche Wellen entstehen dann – so Einsteins Vorhersage –, wenn ein Stern seinen Kernbrennstoff verbraucht hat und in einer Supernova explodiert oder schwarze Löcher kollidieren. Bei diesen Sternkatastrophen werden erhebliche Energiemengen in das All ausgestrahlt, die sich als Wellen mit Lichtgeschwindigkeit fortpflanzen und messen lassen müssten.

Erkenntnisse über die Gravitationswellen könnten für die Astrophysik sehr interessant sein, denn möglicherweise lassen sich damit auch Theorien über die Entstehung des Weltalls beweisen. Doch erst 1974 gelingt zwei amerikanischen Physikern ein indirekter Nachweis. Einsteins Theorie der Gravitationswellen beschäftigt die Wissenschaft aber auch noch heute, denn eine direkte Messung ist bisher nicht gelungen. Aufgrund der hohen Entfernung derartiger Ereignisse ist die Wirkung dieser Wellen auf der Erde sehr gering und schwer von anderen Phänomenen, wie normalen Erschütterungen auf der Erde, zu unterscheiden. Eine Reihe von Experimenten zum Nachweis von Gravitationswellen sind heute weltweit in Bau oder auch in Betrieb.

Am 14. März 1939 feiert Einstein seinen 60. Geburtstag. Es kommen viele hundert Briefe und Telegramme mit Glückwünschen, meist von inzwischen ebenfalls emigrierten Freunden und Bekannten wie etwa seinem alten Arzt Janos Plesch. Nur ein einziger Brief kommt aus Deutschland, und zwar von Max von Laue, der seinem alten Freund ein Kompliment macht: »Dein Werk aber ist und bleibt unerreichbar.«[18] Trotzdem ist dieser Geburtstag so ganz anders als der vor zehn Jahren in Berlin. Nicht mehr die Heiterkeit überwiegt, sondern die Verzweiflung über den Zustand Deutschlands und die Trauer um den Verlust von Frau und Stieftochter.

In Europa läuft inzwischen alles auf den Krieg zu. Hitler hatte Deutschland inzwischen zum »Großdeutschen Reich« ausgerufen und seine Politik der »Eroberung von Lebensraum« Stück für Stück in die Tat umgesetzt. Österreich und die deutschsprachigen Teile der Tschechoslowakei – das Sudetenland – waren bereits 1938 einverleibt worden. Die westlichen Mächte Frankreich und England lassen sich noch einmal beschwichtigen, als Hitler diese Aktionen als seine »letzten territorialen Forderungen« bezeichnet. Die Kriegsgefahr scheint gebannt, die Welt kann noch einmal aufatmen. Aber genau am 14. März 1939 – an Einsteins Geburtstag – bricht Hitler alle seine Versprechen und lässt deutsche Soldaten die Grenze überschreiten. Der »Marsch auf Prag« markiert den entscheidenden Schritt zur Katastrophe. Die mit militärischer Gewalt erzwungene Eroberung des tschechischen Staatsgebiets enthüllt Hitlers eigentliche Absichten. Entgegen allen

Versprechen und entgegen allen nationalsozialistischen Theorien vom »Selbstbestimmungsrecht des deutschen Volkes« sind erstmals nichtdeutsche Gebiete Ziel der deutschen Aggression. Allmählich setzt sich bei den westlichen Mächten die Erkenntnis durch, dass Hitler die Vorherrschaft in Europa anstrebt. In England und den USA beginnt die Aufrüstung für den Krieg, der unausweichlich ist.

Der Krieg und die Atombombe

Einsteins Brief an Roosevelt und die Folgen 1939–1945

Einstein hatte bereits 1920 in seiner weit blickenden Art vorhergesagt, dass es durch Kernspaltung gelingen könnte, die Atomenergie als neue Energiequelle zu erschließen. Und er hatte auch bereits auf die möglicherweise verheerenden Folgen hingewiesen: »Sämtliche Bombardements seit Erfindung der Feuerwaffen zusammengenommen wären eine harmlose Kinderspielerei gegen den Zerstörungseffekt.«[1] Später drückt er sich in der Öffentlichkeit sehr viel vorsichtiger aus. So schreibt er 1935, dass die Wahrscheinlichkeit, nach seiner Formel $E = mc^2$ in der Praxis Materie in Energie umwandeln zu können, äußerst unwahrscheinlich sei: Es »ist genau so, als würde man im Dunkeln auf Vögel schießen, und zwar in einem Land, wo es kaum Vögel gibt«[2]. Ob er dies wider besseres Wissen sagt, um die Menschen zu beruhigen und die Nazis nicht auf eine unerwünschte Spur zu bringen, muss offen bleiben. Die Forscher in aller Welt sind zu diesem Zeitpunkt aber bereits hellhörig geworden.

In Berlin am Kaiser-Wilhelm-Institut für Chemie forschen Otto Hahn und Lise Meitner seit Jahrzehnten in den Bereichen der Radioaktivität, der Atomstruktur und an Kernreaktionen. Lise Meitner ist ein Jahr älter als Einstein und kennt ihn und seine Theorien gut. Da Meitner aus einer jüdischen Familie stammt, wird sie seit 1933 in ihrer Tätigkeit eingeschränkt, darf aber zunächst weiter forschen, da sie Österreicherin ist. Als 1938 Österreich an das Deutsche Reich »angeschlossen« wird, also unter Gewaltandrohung der deutschen Regierung gezwungen wird, seine Selbstständigkeit aufzugeben, wird es für Lise Meitner prekär, denn nun ist sie automatisch deutsche Staatsbürgerin. Sie wird mehr oder weniger unsanft von ihrem Partner und Chef Otto Hahn fallen gelassen und emigriert nach Dänemark zu dem befreundeten Niels Bohr und dann weiter nach Stockholm.[3]

Kurz vor ihrer Flucht aus Nazideutschland hatte Meitner die Versuchsanordnung vorgeschlagen, mit der Otto Hahn 1938 die erste Kernspaltung gelingt. Aber auch vom Exil aus ist sie an diesen Arbeiten beteiligt. Ständig gehen Briefe zwischen Meitner und Hahn hin und her und einmal besucht Hahn sie heimlich im Exil, um die aufregenden Ergebnisse seiner Arbeit an dem Element Uran zu diskutieren. Der Beschuss von Urankernen mit Neutronen führt zu Resultaten, die sich Hahn nicht erklären kann. Er schreibt an Meitner: »Es ist nämlich etwas bei den ›Radium-Isotopen‹, was so merkwürdig ist, daß wir es vorerst nur Dir sagen . . . Vielleicht kannst Du irgend eine phantastische Erklärung vorschlagen.«[4]

Bei einem Spaziergang im verschneiten Wald bei Stockholm grübeln Lise Meitner und ihr Neffe Robert Frisch über die Rätsel nach. Sie finden die entscheidende Lösung: Der Beschuss mit Neutronen hatte nicht – wie Hahn vermutete – den Urankern schwerer gemacht, sondern ihn in Wahrheit auseinander gesprengt. Frisch berichtet später: »Zum Glück erinnerte sich Lise Meitner an die empirische Formel zur Berechnung von Kernmassen. Wir fanden heraus, daß die zwei Kerne, die sich bei der Spaltung des Urankerns bildeten, insgesamt leichter als der ursprüngliche Urankern sein würden; der Unterschied betrug etwa 1/5 Protonenmassen. Wenn aber Masse verschwindet, entsteht Energie nach Einsteins Formel $E = mc^2$.«[5] Lise Meitner löst damit das Rätsel um das Atom, indem sie Einsteins Formel auf die Kernspaltung anwendet. Mit ein paar Neutronen lässt sich unter bestimmten Bedingungen ein Atomkern sprengen; er beginnt zu vibrieren, bis die inneren Kräfte nachgeben und er auseinander treibt. Diese Reaktionen führen zu weiteren Spaltungen, eine Kettenreaktion entsteht. Am 1. Januar 1939 schreibt Lise Meitner das Ergebnis ihrer Überlegungen an Hahn: »Wir haben Eure Arbeit sehr genau gelesen und überlegt, vielleicht ist es energetisch doch möglich, daß ein so schwerer Kern zerplatzt.«[6]

1945 wird Otto Hahn für seine Leistungen den Nobelpreis für Chemie erhalten – allein; Lise Meitners Verdienste an dieser wissenschaftlichen Großtat werden nicht gewürdigt. Erst Jahrzehnte später wird man ihren Anteil an der Entdeckung wahrnehmen.

Nachdem sich die Versuchsergebnisse der Kernspaltung – übrigens auch ein Begriff, den Lise Meitner prägt und in die Fachwelt einführt – bestätigt haben, denkt zunächst noch niemand der beteiligten Wissenschaftler an die Verwendung der neuen riesigen Energiequelle für Waffen. Sie veröffentlichen brav und vielleicht ein wenig naiv ihre Resultate: Niels Bohr berichtet auf einer Konferenz in Washington von den Erkenntnissen. Die zuhörenden Wissenschaftler sind so fasziniert und elektrisiert, dass einige von ihnen den Hörsaal verlassen, nach Hause in ihre Labore eilen und die Experimente wiederholen. Als Versuche von Enrico Fermi und Frédéric Joliot-Curie – eines Schwiegersohns von Marie Curie – bestätigen, dass die Kernspaltung von Uran tatsächlich möglich ist, verliert die Wissenschaft ihre Unschuld: Der Wettlauf um die Atombombe beginnt, allerdings zunächst nur in Form weiterer Forschungen einzelner Wissenschaftler.

Albert Einstein ist an diesen Forschungen nicht beteiligt, ja geradezu desinteressiert. Als theoretischer Physiker geht es ihm nicht um die praktische Umsetzung oder wirtschaftliche Nutzung seiner Forschungsergebnisse. Ihm genügt es, Vater der berühmten Formel $E = mc^2$ zu sein. Er sitzt in dieser Zeit einsam und vertieft in seine Arbeiten und Gedanken zur Feldtheorie, der Weltformel, der er immer noch nachjagt.

In Einsteins Umgebung wächst jedoch die Sorge, dass die Deutschen bereits an einer Atomwaffe arbeiten könnten. Alarmierend ist die Nachricht, Deutschland habe den Export von Uran aus der inzwischen besetzten Tschechoslowakei verboten. Uran, viel Uran wird benötigt, um eine Atombombe zu konstruieren. Das könne doch nur bedeuten, so folgert man, dass Deutschland auf dem Weg zu der furchtbaren Waffe sei.

In diesem Moment der äußersten Besorgnis ist Einstein plötzlich gefragt, aber nicht als Wissenschaftler, sondern als Mensch, der zwei einflussreiche Bekannte hat: Präsident Roosevelt und die Königin Elisabeth von Belgien. Als Einstein auf Long Island beim Segeln ist, besuchen ihn drei ungarische Emigranten, gute Bekannte aus alten Tagen. Einer von ihnen – Leo Szilard – hatte mit Einstein in den 1920er Jahren gemeinsam mehrere Patente für Kühlschränke angemeldet und intensiv an dem Problem der Kettenreaktion gearbeitet, ist also über die drohende Gefahr bestens informiert. Sie beschließen, einen Brief an Roosevelt zu schreiben, den Einstein unterschreiben soll.

Am 2. August 1939 heißt es darin: »Einige mir im Manuskript vorliegenden neuen Arbeiten von E. Fermi und L. Szilard lassen mich annehmen, dass das Element Uran in naher Zukunft in eine neue wichtige Energiequelle verwandelt werden könnte. Gewisse Aspekte der Situation scheinen die Aufmerksamkeit und, wenn nötig, rasches Handeln der Regierung zu erfordern.« Nach einigen technischen Erläuterungen der Kettenreaktion schreibt Einstein weiter: »Das neue Phänomen würde auch zum Bau von Bomben führen, und es ist vorstellbar – obwohl sehr viel weniger gewiß –, daß extrem starke Bomben eines neuen Typs auf diesem Wege konstruiert werden können. Eine einzige Bombe dieser Art, auf einem Schiff befördert oder in einem Hafen explodiert, könnte sehr wohl den ganzen Hafen zusammen mit Teilen des umliegenden Gebiets zerstören.«[7] Szilard und Kollegen bitten dann um die notwendige finanzielle Förderung ihrer Arbeiten, denn es handelt sich gewissermaßen auch um einen Bewerbungsbrief der ungarischen Emigranten.

Und was hat Elisabeth – nach dem Tod ihres Mannes Albert I. nun mit dem Titel »Königinmutter« ausgestattet – mit der Atombombe zu tun? Belgien besitzt in seiner afrikanischen Kolonie Belgisch-Kongo neben Kupfer auch große Uranvorräte; und so soll die belgische Regierung gewarnt werden, kein Uran an Deutschland zu verkaufen.

Erst nach mehr als zwei Monaten antwortet Präsident Roosevelt, offensichtlich nicht sehr überzeugt von den Argumenten der Wissenschaftler. Er teilt mit, dass er alles äußerst interessant finde, aber zunächst einen Ausschuss einsetzen wolle, der sich mit der Sache befassen werde.

Inzwischen hatte der Krieg begonnen, der sich zum Zweiten Weltkrieg entwickeln sollte. Am 1. September überfällt Deutschland Polen, am 3. September sind Frankreich und England im Kriegszustand mit dem Deutschen Reich. Alle Befürchtungen hinsichtlich der deutschen Aggressionslust hatten sich bewahrheitet und der amerikanische Präsident hat zunächst andere Sorgen. Obwohl die USA anfangs in diesem Krieg offiziell neutral sind, werden die europäischen Westmächte unterstützt.

Da der zugesagte Ausschuss nichts Greifbares zustande bringt, schreibt Einstein auf Drängen von Leo Szilard am 7. März 1940 einen weiteren für Roosevelt bestimmten Brief. Er betont darin die Dringlichkeit der Angelegenheit und weist auf die Entwicklungen in Deutschland hin. Daraufhin soll Einstein in dem Ausschuss mitarbeiten, wozu er allerdings keine Lust hat. Und so endet an diesem Punkt die Beteiligung Einsteins an der Entwicklung der Atombombe. Das eigentliche Atomwaffen-Projekt soll erst anderthalb Jahre später starten – auch diesmal ohne Einsteins Mitwirkung.

Heute weiß man, dass in Deutschland tatsächlich an der gefährlichen Technik gearbeitet wurde, und sogar sehr erfolgreich. Ausgerechnet in dem von Einstein einst gegründeten Kaiser-Wilhelm-Institut für Physik in Berlin wird mit Hochdruck Uranforschung betrieben. Und dem vielleicht nach Einstein bedeutendsten Physiker der Welt, Werner Heisenberg, traut man durchaus zu, eine

Atombombe zu entwickeln. Heisenberg leitet die entsprechenden Arbeiten zum Bau eines Kernreaktors und legt 1940 einen Bericht vor. Die ersten Versuche im Frühjahr 1941 scheitern, da nicht ausreichend Uran zur Verfügung steht. 1942 jedoch hat Heisenberg – wenn auch erst im Labormaßstab – die Technik der Atomenergie gelöst. Das zum Abbremsen der Neutronen bei einem Kernbeschuss notwendige schwere Wasser lässt er in einer norwegischen Fabrik herstellen. Doch durch den Einsatz eines Kommandounternehmens unter Leitung des britischen Geheimdienstes gelingt die Zerstörung der Produktions- und Lageranlagen für schweres Wasser und das deutsche Projekt kommt erst einmal ins Stocken. Heisenberg findet schließlich noch im selben Jahr zu dem Ergebnis, dass der Bau einer Atombombe viel zu aufwändig sei und – wenn überhaupt – erst in mehreren Jahren mit riesigem technischen und finanziellen Aufwand zu realisieren wäre. Damit endet die Geschichte einer deutschen Atombombe, was allerdings die Amerikaner nicht ahnen.

Unter der wissenschaftlichen Leitung von J. Robert Oppenheimer startet in den USA im Herbst 1941 das »Manhattan-Projekt« zur Entwicklung der Atombombe. Zu diesem Zeitpunkt erfolgt der Angriff der Japaner auf die amerikanische Flotte im Hafen von Pearl Harbor auf Hawaii, kurz darauf erklären die USA Deutschland den Krieg. Von Neutralität ist keine Rede mehr.

Obwohl mehr als 100 000 Menschen in den gesamten USA am Manhattan-Projekt, dem bisher gewaltigsten Unternehmen der Wissenschafts- und Technikgeschichte, beteiligt sind, erfolgt die Arbeit unter höchster Geheimhaltung und Abschottung. Nur absolut zuverlässige Mitarbeiter werden eingeweiht und vereidigt. An Einsteins Mitwirken ist schon aus diesem Grund nicht zu denken, denn er gilt als unsicherer Kandidat. Der amerikanische Geheimdienst und der FBI beobachten ihn und kommen zu einem äußerst misstrauischen Urteil: »Wegen seines radikalen Hintergrundes würde dieses Büro nicht die Befassung Dr. Einsteins mit Angelegenheiten geheimer Natur ohne sorgfältige Untersuchung empfehlen, da es unwahrscheinlich erscheint, dass ein Mann seines Hintergrundes in so kurzer Zeit ein loyaler amerikanischer Bürger werden kann.«[8]

Immerhin wird Einstein, gemeinsam mit seiner Stieftochter Margot und Helene Dukas, nun offiziell amerikanischer Staatsbürger. Er muss eine Prüfung über sich ergehen lassen; in englischer Sprache erhält er die Note *fair to good* (genügend bis gut). Am 1. Oktober 1940 legen sie mit erhobener rechter Hand den Eid auf die amerikanische Verfassung ab.

Einsteins Einstellung zu »den Deutschen« war immer schon von Skepsis bis Ablehnung geprägt; im Krieg nun verstärkt sich diese Position bis hin zu feindlichen

Gefühlen. Er findet krasse Worte zu den Kriegsverbrechern: »Ich hoffe, sie werden sich am Ende des Krieges mit Gottes gütiger Hilfe weitgehend gegenseitig totschlagen.«[9]

Zu einer »Kriegsbeteiligung« Einsteins kommt es dann doch noch, wenn auch auf eine etwas seltsame Art. Die amerikanische Marine bittet ihn 1943 um Hilfe bei technischen Problemen, die im Pazifikkrieg gegen Japan von Nutzen sein können. Es geht um die Magnetzündungen von Torpedos, die nicht richtig funktionieren, so dass die Geschosse meist viel zu früh explodieren oder weit am Ziel vorbeigehen. Einstein zeigt sich bereit und gibt Tipps und vage Verbesserungsvorschläge. Allerdings kann er nur wenig bieten, von Waffentechnik hat er keine Ahnung – er will sich wohl auch nicht damit beschäftigen. Seine Vorschläge sind so trivial, dass dies kein Zufall sein kann. Er spielt hier mit, ohne seinen Pazifismus wirklich zu verleugnen. Und er scherzt, dass er nun in der Navy sei ohne den dort üblichen kurzen Haarschnitt. Ab und zu kommt er also den Militärs entgegen, will sich damit aber in erster Linie seine Ruhe erkaufen für seine Forschungsarbeit an der Feldtheorie.[10]

Allerdings kann er auf seine Art und auf sicher wirkungsvollere Weise doch etwas zum Erfolg des amerikanischen Krieges beitragen. Ein Komitee zur Unterstützung der Kriegskasse fragt an, ob Einstein sein Manuskript zur Relativitätstheorie spenden möchte, damit man diese meistbietend versteigern könne. Mit dem Manuskript kann er nicht dienen, das hatte er nicht aufgehoben. Also setzt er sich hin und schreibt seine Arbeit zur Elektrodynamik bewegter Körper von 1905 noch einmal ab; Helene Dukas diktiert. Am 3. Februar 1944 wird die Schrift in Kansas City für 6,5 Millionen Dollar versteigert, ein weiteres Manuskript bringt 5 Millionen Dollar.

Als im April und Mai 1943, nach dem Abtransport von 300 000 Warschauer Juden in die Vernichtungslager, sich die verbliebenen Einwohner des Ghettos weigern, ihre Wohnungen zu räumen, kommt es auf Befehl Himmlers zu grausamen Aktionen, bei denen die meisten Juden getötet werden. Das ganze Ausmaß der Verbrechen in deutschem Namen wird damals nicht bekannt, aber Einstein findet in einem Nachruf auf die »Helden des Ghettos in Warschau«[11] deutliche Worte: »Die Deutschen als ganzes Volk sind für diese Massenmorde verantwortlich und müssen als Volk dafür gestraft werden, wenn es eine Gerechtigkeit in der Welt gibt, und wenn das Bewußtsein der Völker für kollektive Verantwortlichkeit nicht vollends untergehen soll. Hinter der Nazipartei steht das deutsche Volk, das Hitler gewählt hat, nachdem er ihm seine schändlichen Absichten in nicht mißzuverstehender Form in seinem Buche und in seinen Reden allgemein bekanntgemacht hatte. Die Deutschen sind das einzige Volk, in dem es nicht zu einer einigermaßen wirksamen Gegenaktion zum Schutze der unschuldig Verfolgten gekommen ist.«

Am 14. März 1944 feiert Einstein seinen 65. Geburtstag und wird bald darauf in den Ruhestand versetzt. Allerdings ändert sich an seinem Arbeitsleben dadurch nicht viel. Er behält sein Büro im Institut und forscht wie gewohnt allein vor sich hin. Zu Hause hat sich ein friedliches Familienleben entwickelt. Einstein gewöhnt sich an, seiner Schwester und seiner Stieftochter vorzulesen, und findet darin eine Erholung von seinen Grübeleien. Er schreibt: »Ich lese ziemlich viel alte Literatur am Abend meinen Weibsleuten vor und habe viel Freude damit, besonders wenn mir der mathematische Teufel eine kurze Atempause gibt.«[12]

Der Zweite Weltkrieg tritt in seine letzte Phase. Die Landung der Alliierten in der Normandie am »D-Day«, dem 6. Juni 1944, markiert den Anfang vom Ende des fünfjährigen Eroberungskrieges. Es folgt ein unaufhaltsamer Vormarsch der Westalliierten von Frankreich und Italien aus, die Sowjetunion drängt die deutschen Truppen von Osten aus zurück in das deutsche Reichsgebiet, von wo der Krieg ausgegangen war. Am 7. und 9. Mai 1945 kapituliert die deutsche Wehrmacht. Der Krieg in Europa ist zu Ende; Japan führt seinen Kampf gegen die Amerikaner allein weiter.

Die Alliierten, die immer den deutschen Vorsprung auf dem Gebiet der Atombombe gefürchtet hatten, erkennen nach Kriegsende, dass das deutsche Projekt dem ihrigen in der Entwicklung um mindestens zwei Jahre zurücklag. Denn das Manhattan-Projekt zur Entwicklung der Atombombe ist zwischenzeitlich weit fortgeschritten. Am 16. Juli 1945 erfolgt die erste Atombombenexplosion der Welt in der kalifornischen Wüste. Die Techniker sind gleichzeitig begeistert über ihren Erfolg und erschrocken über die unvorstellbare Wirkung dieser tödlichen Waffe. Notwendig ist der Einsatz dieser Bombe im Krieg nicht mehr, so argumentieren viele Wissenschaftler, denn Japan steht ebenfalls kurz vor dem Aufgeben. Aber die Militärs haben nun das Sagen. Sie wollen diese Waffe unbedingt einsetzen.

Die Katastrophe ist nicht mehr aufzuhalten. Am 6. August 1945 klinkt ein B-29-Bomber über Hiroshima die nur drei Meter lange und 80 Zentimeter dicke Bombe mit dem Namen *Little Boy* aus. In 570 Metern Höhe wird sie gezündet, die Kettenreaktion beginnt und nur Bruchteile einer Sekunde später explodiert sie in einem gewaltigen Feuerball. Anschließend breitet sich ein riesiger Atompilz über der japanischen Stadt aus. Die Formel $E = mc^2$ beweist aller Welt erstmals, welche unvorstellbaren Kräfte aus einem Stück Uran freigesetzt werden können. Drei Tage später wird eine zweite Atombombe über Nagasaki abgeworfen; alles in allem verlieren mehr als 200 000 Menschen ihr Leben. Japan kapituliert.

Am Tage des ersten Atombombenabwurfs ist Einstein beim Segeln. Helene Dukas hört die Nachricht im Radio und ruft ihn an. Er sagt nur: »Oh weh!« Als einige Tage später die Diskussionen beginnen, Niels Bohr und andere vor der tödlichen Gefahr der Atomwaffen für die Menschheit warnen, schweigt Einstein zunächst. Dann wird ein Papier veröffentlicht, das den Brief Einsteins an Roosevelt erwähnt und damit die Geheimhaltung bricht. Plötzlich gilt Einstein als »Vater der Atombombe« und gerät in der Öffentlichkeit in arge Bedrängnis. Er rechtfertigt sich immer wieder damit, dass er nur sehr indirekt mit der Entwicklung zu tun gehabt habe.

An eine japanische Zeitschrift schickt er folgende Zeilen: »Meine Beteiligung an der Erzeugung der Atombombe bestand in einer einzigen Handlung: Ich unterzeichnete einen Brief an Präsident Roosevelt, in dem die Notwendigkeit betont wurde, Experimente im Großen anzustellen zur Untersuchung der Möglichkeit der Herstellung einer Atombombe. Ich war mir der furchtbaren Gefahr wohl bewußt, welche das Gelingen dieses Unternehmens für die Menschheit bedeutete. Aber die Wahrscheinlichkeit, daß die Deutschen am selben Problem mit Aussicht auf Erfolg arbeiten dürften, hat mich zu diesem Schritt gezwungen. Es blieb mir nichts anderes übrig, obwohl ich stets ein überzeugter Pazifist gewesen bin. Töten im Kriege ist nach meiner Auffassung um nichts besser als gewöhnlicher Mord.«[13]

Suche nach Frieden und der Weltformel
Die letzten Jahre
1946–1955

Im ersten Siegestaumel wird der Abwurf der Atombomben von den meisten Amerikanern als eindrucksvoller Beleg für die technische Überlegenheit ihres Landes und ihrer Wissenschaftler gegenüber dem Rest der Welt gefeiert. Nach dem Jubel schleicht sich allerdings mehr und mehr das Gefühl ein, dass diese Waffen sich eines Tages möglicherweise auch gegen die amerikanische Nation richten könnten.

Einstein weist weiterhin jede direkte Verantwortung für die Entwicklung der Atomwaffen entschieden zurück. Auch ohne seine Briefe an Roosevelt wäre wohl die Bombe entstanden, so sehen es auch die am Projekt beteiligten Wissenschaftler. Und dass er durch die Entdeckung der Formel $E = mc^2$ Mitschuld auf sich geladen hätte, bestreitet Einstein zu Recht: Eine theoretische Erkenntnis, die Entdeckung eines Naturgesetzes, ist für Einstein und die Mehrzahl der Wissenschaftler immer ein Wert an sich. Jedes neue Wissen kann sowohl zum Nutzen als zum Schaden der Menschheit eingesetzt werden. Trotzdem macht Einstein das Problem der Verantwortung des Wissenschaftlers zu schaffen. Immer wieder kreisen seine Gedanken um die Frage der menschlichen Zukunft. Frieden und dessen Sicherung ist das Thema seiner späten Tage. Er spricht von Schuldgefühlen, die ihn plagen, und er übernimmt gewissermaßen stellvertretend für alle Forscher einen Teil der Schuld für die Folgen der wissenschaftlichen Tätigkeit. Sein Motto, das er immer wieder variieren und bei jeder Gelegenheit vortragen wird, lautet nun: »Der Krieg ist gewonnen – aber nicht der Friede.«[1]

Einstein knüpft an seine pazifistischen Positionen der 20er und 30er Jahre an und wird zu einem unbeirrbaren Mahner für Frieden und Sicherheit. Dabei überwiegt aber eine pessimistische Einstellung, die er gelegentlich mit seinem Sarkasmus zu überspielen versucht: »Die Menschheit bleibt so blöd, wie sie immer war, und es ist kein Schad um sie, aber daß dann niemand mehr Bach und Mozart spielen wird, ist doch schad.«[2]

Am 26. Juni 1945 wird von 51 Staaten die Charta der Vereinten Nationen – der UNO – unterzeichnet, die den Frieden in der Welt sichern soll. Als Nachfolgerin des Völkerbundes ist diese Organisation der Versuch, über einzelstaatliche Interessen hinweg eine weltumspannende Sicherheit zu gewährleisten. Aber bald zeigt sich, dass die Siegermächte des Zweiten Weltkriegs untereinander uneinig sind. Stalin gibt sich nicht mit dem Erreichten zufrieden, sondern versucht mit seinem Machtstreben, ein Land nach dem anderen in seinen sowjetischen Machtblock einzuverleiben. Ein Teil der alten Staaten verschwindet oder gerät in den Machtbereich des Sowjetblocks, Teile Deutschlands, Polens und Finnlands werden zugunsten der Sowjetunion annektiert. Millionen heimat- und besitzloser Flüchtlinge und Vertriebener machen die sozialen Umwälzungen in Europa sichtbar und zeigen, wie unsicher und zerbrechlich die Nachkriegsordnung ist. Es kommt zu keinem Friedensvertrag mit Deutschland; das zerteilte deutsche Staatsgebiet wird zu einem Zankapfel zwischen den Großmächten. Die einander widersprechenden Vorstellungen der USA und der Sowjetunion, wie eine Nachkriegsordnung aussehen könnte, führen bald zu einer neuen Bedrohung des Weltfriedens, nun aber mit der beständigen Furcht vor den neuen Atomwaffen.

Einstein und viele andere Intellektuelle halten die UNO nicht für ausreichend und fordern eine »Weltregierung« zur Lösung der Probleme. Mit einer Erklärung in der »New York Times«, die übrigens auch von Thomas Mann und weiteren Prominenten unterschrieben wird, mahnen sie die Öffentlichkeit: »Die erste Atombombe hat mehr zerstört als die Stadt Hiroshima. Sie zertrümmerte auch unsere ererbten, veralteten politischen Gedanken.«[3]

Es mag ein wenig naiv anmuten, was Einstein fordert. Nur in einem völlig neuen Ansatz sieht er eine Chance für den Frieden: »Die Organisation der Vereinten Nationen, so wie sie heute dasteht, hat weder militärische Macht noch die rechtliche Grundlage, einen Zustand der internationalen Sicherheit herbeizuführen.«[4] Und er kritisiert offen die amerikanische Regierung, die 15 Milliarden Dollar pro Jahr für Rüstung ausgibt und immer neue Atombomben produziert, dabei aber – so sieht er es – keinen ernsthaften Versuch unternimmt, mit der Sowjetunion eine friedenssichernde Einigung zu erzielen. Das politische Klima in den USA verhärtet sich tatsächlich zusehends. Die amerikanischen Politiker wiegen sich in der Gewissheit, dass nur sie über die Atombombe verfügen und sie damit ein vermeintliches Machtmonopol besitzen. Aus dieser Position der Stärke wird die Sowjetunion nun zum Feind im »Kalten Krieg«, der allerdings in jedem Augenblick zu einem heißen Krieg werden kann.

Wissenschaftler, auch viele aus dem ehemaligen Manhattan-Projekt zur Entwicklung der Atombombe, sind es, die sich in der Öffentlichkeit regen und die Politiker an ihre Verantwortung erinnern. Zur Verhütung eines Atombombenkrieges wird das *Emergency Committee of Atomic Scientists*, das »Notkomitee der Atomphysiker«, gegründet. Ausgerechnet auf Bitten von Leo Szilard, der 1939 Einstein zum Brief an Präsident Roosevelt bewegt hatte, wird Einstein Präsident dieses Komitees. In der nächsten Zeit entwickelt sich eine gewaltige Aktivität: Erklärungen, Appelle, Rundfunkansprachen, Veranstaltungen mit Prominenten,

Geldsammlungen verfolgen das Ziel, Einfluss auf die Politik zu nehmen. Letztlich bleiben alle diese Bemühungen wirkungslos; ein erkennbares Einwirken auf die amerikanische Politik erfolgt nicht.

Einstein selbst ist trotz seiner öffentlichen Auftritte innerlich weit weniger an diesen Diskussionen beteiligt, als es den Anschein hat. Seinem Jugendfreund Michele Besso schreibt er Anfang 1946 fast entschuldigend: »Wenn Du meinen Namen gelegentlich mit politischen Exkursionen in Verbindung gebracht siehst, so denke nicht, dass ich viel Zeit auf solche Sachen verwende, denn es wäre traurig, viel Kraft an den dürren Boden der Politik zu verschwenden.«[5] Für ihn ist die wissenschaftliche Arbeit an den Gleichungen seiner Weltformel immer noch die Hauptsache: »Denn die Politik ist für die Gegenwart, aber solch eine Gleichung ist für die Ewigkeit.«[6]

Mit dem Nachkriegsdeutschland will Einstein nichts mehr zu tun haben. Der Schock des Holocausts sitzt zu tief; vier seiner entfernteren Cousins und Cousinen sind in Theresienstadt und Auschwitz ermordet worden. Im Gegensatz zu anderen Exildeutschen, die einen Neuanfang mit dem besiegten deutschen Volk versuchen, bleibt er lange Zeit unversöhnlich und unnachgiebig. Der Physiker James Franck, ein alter Bekannter aus Berlin, der ebenfalls in die USA emigriert ist, wirft Einstein dessen schroffe Haltung vor: »Wenn die Nazis Menschen wie Dir den Glauben genommen haben, daß es einen Sinn hat, sich dafür einzusetzen, so haben sie eben gesiegt.«[7] Einstein lässt sich nicht umstimmen: »Die Tränencampagne der Deutschen nach dem letzten Krieg ist mir noch in zu guter Erinnerung, als daß ich auf diese Wiederholung hereinfallen könnte. Die Deutschen haben nach einem wohlerwogenen Plan viele Millionen Zivilbevölkerung hingeschlachtet, um sich an deren Stelle zu setzen.«[8]

In Deutschland bemühen sich viele um Einstein: Die Bayerische Akademie der Wissenschaften sowie die unter dem neuen Namen »Deutsche Akademie der Wissenschaften« wiedergegründete Wissenschaftlervereinigung in Berlin laden Einstein ein, »unter innerster Abkehr von allem geschehenen Unrecht« wieder deren Mitglied zu werden. Einstein antwortet ablehnend: »Nachdem die Deutschen meine jüdischen Brüder in Europa hingemordet haben, will ich nichts mehr mit den Deutschen zu tun haben, auch nichts mit einer relativ harmlosen Akademie. Anders ist es mit den paar Einzelnen, die in dem Bereiche der Möglichkeit standhaft geblieben sind. Ich habe mit Freude gehört, dass Sie zu diesen gehört haben.«[9]

Einstein will auch nicht mehr, dass seine Bücher in Deutschland erscheinen: Dem Vieweg-Verlag untersagt er, eine Neuausgabe seines »gemeinverständlichen« Buches über die Relativitätstheorie[10] herauszubringen. Zu alten Freunden und Kollegen in Deutschland ist seine

Einstellung etwas versöhnlicher. Als Max Planck am 4. Oktober 1947 mit 89 Jahren stirbt, schreibt er in einer Würdigung seiner wissenschaftlichen Leistungen auch, dass das Ideal des Erkennens, das von jeher die Forschenden aller Nationen und Zeiten eng verbunden hat, in Max Planck mit seltener Vollkommenheit verkörpert war.[11]

Das Privatleben in Princeton geht seinen ruhigen Gang. Die Tage laufen gleichmäßig ab: Morgens gegen halb neun wird gefrühstückt und die Tageszeitung gelesen. Danach folgt ein Spaziergang zum Institut. Mittags schlendert Einstein wieder nach Hause, legt sich ein, zwei Stunden hin und trinkt dann eine Tasse Tee. Nachmittags erledigt er die Post oder empfängt Besucher. Am Abend nach dem Essen um sechs Uhr hört er noch ein wenig Radio oder macht Musik. Das Geigespielen hat Einstein inzwischen eingestellt, seine Hände sind zu unruhig und gehorchen ihm nicht mehr richtig. Stattdessen spielt er täglich auf dem Klavier einige Takte. Auch das Rauchen seiner Tabakspfeife hat er aufgegeben, Konzerte oder Theatervorstellungen besucht er nur noch äußerst selten. Einstein ist inzwischen fast 70 Jahre alt und lebt mit seiner Schwester Maja, Stieftochter Margot und Helene Dukas noch immer in der Mercer Street. Dukas ist das Mädchen für alles: Sie kocht, führt den Haushalt und nimmt die Telefonanrufe für Einstein entgegen. Sie ist unermüdlich, vor allem wenn sie ihren Arbeitgeber vor der Öffentlichkeit abschirmen kann. Als einmal eine Schar Journalisten vor der Haustür lauert, ruft sie ins Haus: »Professor Einstein, sie sind Reporter, sagen Sie nichts, sagen Sie nichts.« Bei anderer Gelegenheit, als eine Pressekonferenz im Institut stattfinden soll und die Journalisten unruhig auf Einstein warten, lässt sie ausrichten: »Sagen Sie ihnen, sie sollen in den See springen.«[12]

Margot bewundert ihren Stiefvater, vergöttert ihn wie einen Helden. Die beiden haben ein engeres Verhältnis, als Einstein es jemals zu seinen Söhnen hatte. Oft gehen sie miteinander spazieren und Einstein scheint ihre Art sehr zu mögen. Er beschreibt sie so: »Wenn Margot spricht, sieht man die Blumen wachsen.«[13]

Zur Wohn- und Lebensgemeinschaft gehört nun auch ein kleiner, schwarz-weiß gefleckter Hund namens Chico. Einstein meint: »Der Hund ist intelligent. Er hat Mitgefühl mit mir, weil ich immer soviel Post bekomme, deswegen versucht er den Postboten zu beißen.«[14]

Die vielen Briefe, die Einstein erreichen, nerven ihn zwar, aber er schreibt doch oft zurück. Insbesondere, wenn Kinder und Jugendliche sich an ihn wenden, gibt er sich Mühe mit der Antwort. Als ihn eine Monique aus New York besorgt nach dem Ende der Welt fragt, schickt er ihr einen Brief mit einigen Briefmarken für ihre Sammlung und schreibt: »Liebe Monique, eine

Erde gibt es seit etwas mehr als einer Milliarde Jahren. Was die Frage ihres Endes angeht, so lautet mein Rat: Warten wir's ab.«[15] Was er der sechsjährigen Ann antwortet, die ihm empfiehlt, sich die Haare schneiden zu lassen, denn »So könntest Du besser aussehen«, ist nicht bekannt.

Seine Schwester Maja, die mit ihrer wilden Frisur ihrem Bruder inzwischen mehr denn je ähnelt, ist Einsteins beste Zuhörerin. Ihr erklärt er seine Gedanken, obwohl sie von Physik nicht allzu viel versteht. Darum geht es ihm wohl auch weniger, wichtig ist ihm aber, dass er einen Gedankengang einfach erklären kann. 1946 erleidet Maja einen Schlaganfall und ist fortan bettlägerig; ihren Plan, wieder zu ihrem Mann nach Italien zurückzukehren, muss sie aufgeben. Einstein bemüht sich rührend um seine Schwester und abends liest er ihr immer etwas vor. Maja schreibt an eine Freundin: »Ich freue mich jeden Tag auf diese Stunden und habe die Genugtuung zu sehen, dass er sich auch darauf freut ... Er versäumt nur sehr ungern diese Abende, wenn wichtiger Besuch da ist.«[16]

Mileva in Zürich reibt sich unterdessen völlig bei der Pflege ihres Sohnes Eduard auf, dessen psychischer Zustand sich weiter verschlechtert hat. Er hat häufig Anfälle und greift sogar seine Mutter an. Ihr bleibt nichts anderes übrig, als ihn in eine psychiatrische Klinik einzuweisen, wo die Ärzte allerhand Therapien versuchen,

die aber erfolglos bleiben. Mileva selbst wird gesundheitlich immer anfälliger, die Sorge um ihren Sohn belastet sie bis zur Erschöpfung. Einstein, der regelmäßig Geld in die Schweiz zur Unterstützung seines Sohnes überwiesen hatte, greift nun ein und drängt Mileva zum Verkauf des letzten der drei Häuser, die damals von dem Geld des Nobelpreises gekauft worden waren. Mileva stimmt dem Verkauf zu, behält aber das Geld und schickt es nicht ihrem früheren Mann, der darauf meint Anspruch zu haben, um die Unterbringung Eduards zu bezahlen. Sie ist zu diesem Zeitpunkt schon schwer krank, hat einen Schlaganfall hinter sich und ist offensichtlich sehr verzweifelt und verwirrt, kann wohl kaum noch klar denken und handeln.
Am 4. August 1948 stirbt sie im Krankenhaus »allein, ganz allein«, wie eine Bekannte berichtet. 73 Jahre alt ist sie geworden. Frieda Einstein, Hans Alberts Frau, fährt nach Zürich, um Milevas Wohnung aufzulösen. Unter ihrer Matratze findet man 85 000 Schweizer Franken, den Kaufpreis für ihr Haus. Frieda findet auch ein verstecktes Bündel Briefe – die Liebesbriefe von Mileva und Albert. Frieda Einstein verheimlicht diesen Fund und behält die Briefe für sich.

Um Eduard, der seit dem Tod seiner Mutter in einer Pfarrersfamilie in der Nähe von Zürich lebt, kümmert sich nun ein Vormund. Er bleibt ein schwieriger Mensch, kommt aber leidlich mit seiner neuen Umgebung zurecht, spielt Klavier und verdient sich etwas Geld mit dem Adressieren von Briefumschlägen. Von seiner Mutter soll er nie wieder gesprochen haben und der Kontakt zu seinem Vater bleibt äußerst schwierig. Schließlich bricht Einstein alle Verbindungen zu seinem Sohn ab und lässt sich gelegentlich über Freunde aus Zürich von dessen Zustand berichten. Briefe mit schlechten Nachrichten werden von Helene Dukas und Margot nicht an Einstein weitergeleitet, um ihn nicht unnötig aufzuregen. In einem Brief an seinen Kontaktmann in Zürich beschreibt Einstein seine Einstellung zu seinem Sohn so: »Sie haben sich wohl schon gewundert, warum ich mit Teddy nicht in Briefwechsel bin. Es liegt da eine Hemmung zu grunde, die völlig zu analysieren ich nicht fähig bin. Es spricht aber mit, daß ich glaube, schmerzliche Gefühle verschiedener Art bei ihm zu wecken, dadurch, daß ich irgendwie in Erscheinung trete.«[17]

Einsteins Gesundheit ist im Todesjahr seiner ersten Frau ebenfalls angeschlagen. Er muss wegen starker Schmerzen im Unterleib behandelt werden. Man vermutet ein Magengeschwür. Seine Auftritte in der Öffentlichkeit sagt er ab, Reden kann er nicht mehr selbst halten und lässt seine Botschaften verlesen. Einen ganzen Monat lang wird er in einem Krankenhaus in Brooklyn untersucht und behandelt. Bei einer diagnostischen Operation wird festgestellt, dass jenes

Aneurysma, das bei ihm bereits seit 1928 bekannt ist, inzwischen die bedrohliche Größe einer Grapefruit angenommen hat. Diese Ausbuchtung der Bauchschlagader ist zwar noch fest, die Gefahr des Aufbrechens besteht nicht unmittelbar, aber Einstein ist sich von diesem Zeitpunkt an bewusst, dass sein Leben an einem seidenen Faden hängt. Auch hier behält er seinen Sarkasmus: »So hat mir also der Teufel noch einen Urlaub bewilligt.«[18]

Nach einem Erholungsaufenthalt in Florida bessert sich seine Gesundheit so weit, dass er wieder arbeiten und mit seinem Zustand zufrieden sein kann: »Man hat Hunger, die alte Kiste funktioniert besser und man entwickelt so etwas wie einen Bauch.«[19] In diesen Jahren entsteht das Bild von Einstein, das sich bis heute erhalten hat: eine Erscheinung, die abgemagert und meist kurios gekleidet und ohne Socken durch Princeton spaziert, dabei aber mit seinem zerfurchten Gesicht und den eindringlich blickenden Augen jeden Betrachter fasziniert.

Zum 70. Geburtstag am 14. März 1949 wird in Princeton eine große Festveranstaltung mit 300 Gästen organisiert. Robert Oppenheimer als neuer Direktor des Instituts hält einen Vortrag, in dem er wieder einmal die Relativitätstheorie als eine der größten Errungenschaften der letzten Jahrzehnte hervorhebt. Einstein selbst ist dagegen mit sich unzufrieden und sucht noch immer nach der großen Theorie, die alle Probleme lösen soll. Seinem Freund Maurice Solovine schreibt er ein wenig resigniert: »Die einheitliche Feldtheorie ist nun in sich abgeschlossen. Sie ist aber so schwer mathematisch anzuwenden, dass ich trotz aller aufgewendeten Mühe nicht imstande bin, sie irgendwie zu prüfen. Dieser Zustand wird wohl noch viele Jahre anhalten.«[20] Einer öffentlichen wissenschaftlichen Diskussion über diese Fragen will er sich aber nicht stellen, eine Veröffentlichung gibt es nicht, stattessen weiteres einsames Grübeln und gelegentliche Selbstzweifel.

In der Presse dagegen wird Einstein gefeiert. Zu seinem Geburtstag erscheint in einer Neuauflage sein Buch *The meaning of relativity* (Grundzüge der Relativitätstheorie) mit einem Anhang, in dem Einstein seine allgemeine Feldtheorie erläutert; die »New York Times« druckt eine ganze Seite aus dem Buch ab und titelt euphorisch: »Neue Einstein-Theorie liefert den Schlüssel zum Universum«.

Die Ehrungen und Glückwünsche zu seinem runden Geburtstag kommen natürlich aus aller Welt, so auch aus Deutschland. Und er wird etwas versöhnlicher in seiner Einstellung zu dem Land, das ihn geprägt hat. Der Bürgermeister in Caputh schickt Einstein eine anspruchsvoll gestaltete Bildermappe mit Fotos und Dokumenten »zur Erinnerung an Tage der Erholung«. Diesmal antwortet der Geehrte sichtlich gerührt – eine Ausnahme in seinen Reaktionen auf das Nachkriegsdeutschland: »Die von freundlicher Gesinnung zeugende, künstlerisch ausgestaltete Erinnerung an Caputh und der dort verbrachten Jahre macht mir große Freude. Ich danke allen Beteiligten für diesen Beweis freundschaftlicher Gesinnung.«[21]

Am 12. Februar 1950 nutzt Einstein seine frische Popularität für einen ernsten Zweck. In dem neuen Medium Fernsehen wird eine Diskussionsrunde ausgestrahlt, in der sich Einstein eindringlich gegen die Entwicklung der H-Bombe wendet. Aus gutem Grund: Die Wasserstoffbombe wird als »Super-Atombombe« ausgerechnet in demselben Institut in Princeton geplant und vorbereitet, in dem Einstein nachdenkt. Einstein wendet sich an die amerikanischen Bürger mit einem Appell, in dem er weit blickend vor der radioaktiven Verseuchung der Erde und der möglichen Vernichtung alles Lebenden warnt: »Als Ende winkt immer deutlicher die allgemeine Vernichtung.«[22] Wenn auch die Presse wieder ein Thema hat, über das sie mit riesigen Schlagzeilen berichten kann, so kümmern sich die Politiker nicht um den alten Mann. Das Wettrüsten tritt in eine neue Phase.

Im Jahre 1950 macht Einstein sein Testament. Sein enger Vertrauter Otto Nathan, ebenfalls aus Deutschland emigriert und seit 1933 Einsteins Freund und Helfer in Princeton, und Helene Dukas werden als Nachlassverwalter eingesetzt. Sie sollen zu ihren Lebzeiten die Rechte an Einsteins literarischen Werken und Briefen wahrnehmen. Die Hebräische Universität Jerusalem wird als Ort zur Verwahrung seines schriftlichen und intellektuellen Nachlasses bestimmt. Seine Geige vererbt er seinem Enkel Bernhard.

Sein geistiges Vermächtnis legt er in einem Sammelband nieder, der unter dem Titel *Out of my later years* in New York erscheint und viele Aufsätze und Reden zu wissenschaftlichen, politischen und religiösen Fragen enthält. In einem einleitenden Selbstporträt betont er nochmals seine Eigenständigkeit und seinen Lebensstil: »Was am eigenen persönlichen Dasein für einen selbst wesentlich ist, das weiß man selber kaum, und den andern braucht es erst recht nicht zu kümmern. Was weiß der Fisch von dem Wasser, in dem er sein Leben lang herumschwimmt? ... Ich lebte in jener Einsamkeit, die in der Jugend schmerzlich, in den Jahren der Reife aber köstlich ist.«[23] Dieses Buch darf nach Einsteins Willen zunächst nicht in deutscher Sprache erscheinen; erst 1979 wird es unter dem Titel »Aus meinen späten Jahren« auch dem deutschen Publikum zugänglich gemacht.

Der Gesundheitszustand seiner Schwester Maja verschlechtert sich zusehends. Sie erholt sich nicht mehr von ihrem Schlaganfall, dazu kommen Beschwerden durch eine Arteriosklerose. Sie muss das Bett hüten und wird immer schwächer. Am 25. Juni 1951 stirbt sie zu Hause. »Nun fehlt sie mir mehr, als man sich vorstellen kann«, sagt ihr Bruder, der ihr in ihrem langen Leiden stets tröstend zur Seite gestanden hat.

Inwieweit das Bild Einsteins, das die Nachwelt von ihm hat, wirklich den Tatsachen entspricht oder eher von Margot und Helene Dukas geprägt und möglicherweise verfälscht oder »geschönt« wurde, ist schwer zu sagen. Jedenfalls kann man seine Gebrechlichkeit und sein angeblich zurückgezogenes Leben in Princeton inmitten seiner Getreuen nicht so recht glauben. Denn in jüngster Zeit häufen sich die Hinweise, dass Einstein noch im hohen Alter mit mehreren jüngeren Frauen Beziehungen hatte. Alle Informationen über eine Bibliothekarin aus Prag namens Johanna Fantova, die sich selbst als »letzte Liebe« Einsteins bezeichnete, wurden nach Einsteins Tod sorgfältig vernichtet oder unterdrückt. Dasselbe gilt ganz besonders für eine Nachtclub-Tänzerin aus New York, die aller Wahrscheinlichkeit nach irgendwann in den 40er Jahren eine Tochter Einsteins zur Welt brachte. Ähnlich wie bei der ersten Tochter »Lieserl« umgibt ein Geheimnis das Schicksal der letzten Tochter. Da sie noch lebt, werden ihr Name und ihre Identität nicht preisgegeben, um sie vor der Öffentlichkeit zu schützen.

An seinem 72. Geburtstag im Jahre 1952 wird Einstein von einem Fotografen gebeten, ein »Geburtstagsgesicht« zu machen. Es entsteht jenes berühmte Foto mit der ausgestreckten Zunge, das von der ersten Veröffentlichung bis hin zum Markenzeichen der Rolling Stones das Symbol für eine unangepasste Persönlichkeit wurde.

Nach dem Tod von Chaim Weizmann, dem ersten Präsidenten von Israel, wird Einstein vom israelischen Premierminister Ben Gurion als Nachfolger vorgeschlagen. Am 17. November 1952 fragt die israelische Botschaft in Washington vorsorglich bei Einstein an, wie er dazu stehe, und vergisst nicht darauf hinzuweisen, dass natürlich ein Umzug nach Israel notwendig wäre. Ben Gurion ist sich nicht so ganz sicher, ob dieses Ersuchen eine gute Idee ist. Er fragt seinen Assistenten: »Was sollen wir machen, wenn er ja sagt? Wenn er akzeptiert, haben wir *trouble*.«[24] Einstein ist sehr gerührt, muss sich aber nicht lange besinnen. Er lehnt unter Hinweis auf sein hohes Alter und die Tatsache, dass er sich sein Leben lang mit objektiven Dingen beschäftigt und keine Erfahrung im richtigen Umgang mit Menschen habe, ab. Privat äußert er sich wie immer erfrischend offen: »Es ist zwar schon mancher Rebell ein Bonze geworden, aber das kann ich nicht über mich bringen.«[25] Und Margot teilt er noch etwas Vertrauliches in dieser Sache mit: »Wenn ich Präsident wäre, würde ich dem israelischen Volk manchmal Dinge sagen müssen, die die Menschen nicht gern hören würden.«[26]

Inzwischen ist der Kalte Krieg zwischen Ost und West voll entfacht. Aus den einstigen Verbündeten USA und Sowjetunion sind erbitterte Feinde geworden. Die Sowjets hatten bereits 1949 ihre eigene Atombombe erfolgreich getestet und mit der Entwicklung der Wasserstoffbombe 1953 sogar einen Vorsprung vor den Amerikanern erzielt. Zum Sündenbock wird J. Robert Oppenheimer, der Vater der Atombombe, gestempelt; er habe die Entwicklung der Wasserstoffbombe nicht nachdrücklich mit der gebotenen Geheimhaltung verfolgt.

Es kommt zu einem riesigen Presserummel, der von dem Kommunistenjäger und Senator Joseph McCarthy kräftig geschürt wird. Ausschüsse wie der berüchtigte »Senatsausschuss für unamerikanische Umtriebe« vernehmen Intellektuelle und Verdächtige, die in den seltensten Fällen irgendetwas mit Kommunismus zu tun haben; manchmal werden diese Verhöre sogar im Fernsehen übertragen. Man fühlt sich in das Mittelalter mit seinen Hexenjagden versetzt. McCarthy als Ankläger stilisiert sich zum Bewahrer amerikanischer Werte und zum Beschützer vor der »roten Gefahr«. Mit dieser Inszenierung einer überragenden, allgegenwärtigen kommunistischen Bedrohung, gegen die er mit aller Entschlossenheit vorgeht, prägt der republikanische Senator den Begriff der McCarthy-Ära oder des *McCarthyism*.

Einstein hat in diesem Klima politischen Misstrauens keinen leichten Stand. Er ahnt nicht, dass er ohnehin als Kommunistenfreund gilt und das FBI eine dicke Akte über ihn angelegt hat. Jedenfalls steht er mit seinen Ansichten gegen den Korea-Krieg ziemlich allein; die angebliche Bedrohung durch die Sowjetunion hält er für eine reine Erfindung. So nimmt er auch entschieden Stellung gegen diese Art von Schnüffelei und macht in offenen Briefen Front gegen die Untersuchungskomitees. In einem Fall schreibt er: »Jeder Intellektuelle, der vor eines der Komitees vorgeladen wird, müßte jede Aussage verweigern, das heißt bereit sein, sich einsperren und wirtschaftlich ruinieren zu lassen, kurz, seine persönlichen Interessen den kulturellen Interessen des Landes zu opfern.«[27] Und Oppenheimer gibt er den nicht ganz praktikablen Rat, den Leuten in Washington zu sagen, sie seien Idioten. Ob diese Ratschläge den Betroffenen in der ernsten Situation wirklich hilfreich sind, mag man unterschiedlich beurteilen, aber Einstein hat wieder einmal weltweite Resonanz. Er scheint jedenfalls an der Ironie der Geschichte eine gewisse Freude zu haben: Genau wie damals, als er als »undeutsch« verunglimpft wurde, gilt er nun als »unamerikanisch«.

Der antikommunistische Verfolgungswahn erreicht 1954 seinen Höhepunkt, bricht aber wenig später in sich selbst zusammen, als McCarthy alle Maßstäbe verliert und sogar den erzkonservativen Präsidenten Eisenhower als »verkappten Kommunisten« bezeichnet.

Fast 50 Jahre nachdem Michele Besso hautnah miterlebt hatte, wie die Relativitätstheorie entstand, schreibt Einstein ihm im Sommer 1954 einen Brief und berichtet von seinen Selbstzweifeln. Er schießt weit über das Ziel hinaus, indem er alle seine Arbeiten in Frage stellt: »Dann bleibt von meinem ganzen Luftschloß inclusive der Gravitationstheorie nichts bestehen.«[28] Dass dem keineswegs so ist, haben Wissenschaftler bis heute immer wieder betont; aber es zeigt doch die Einsamkeit, in der Einstein lebt und denkt.

Als der lebenslange Freund im März 1955 stirbt, gibt Einstein in einem Beileidsschreiben an dessen Sohn und Schwester Einblicke in seine eigenen Gedanken: Zunächst drückt er seine Bewunderung darüber aus, dass Michele es geschafft habe, mit einer einzigen Frau viele Jahre lang in Frieden zu leben, »ein Unterfangen, in dem ich zweimal ziemlich schmählich gescheitert bin«. Und dann fährt er fort, dass sein Freund ihm nur ein wenig vorausgegangen sei: »Das bedeutet nichts. Für uns gläubige Physiker hat die Scheidung zwischen Vergangenheit, Gegenwart und Zukunft nur die Bedeutung einer wenn auch hartnäckigen Illusion.«[29]

Einstein zeigt nun auch seine Bereitschaft, sich mit den deutschen Physikern zu versöhnen. Zum 50. Jahrestag seiner inzwischen legendären Veröffentlichungen aus dem *annus mirabilis* im Jahr 1905 wird er von der Deutschen Physikalischen Gesellschaft zu einer Festveranstaltung nach Berlin eingeladen. Er lehnt ab, schreibt aber freundlich an die »lieben Kollegen«: »Es wäre für mich eine große Freude, wenn ich dabei anwesend sein könnte. Aber die 50 Jahre Zwischenzeit haben von mir nur einen baufälligen Rest übrig gelassen, sodass ich keine grossen Reisen mehr unternehmen kann. Dies hindert aber nicht die Freude über diesen Beweis freundlicher Gesinnung.«[30]

Im April unterzeichnet Einstein einen Appell gegen das Wettrüsten. Darin fasst er noch einmal seine Botschaft zusammen: »Als Menschen rufen wir die Menschen auf: denkt an euer Menschentum – und vergesst alles andere.«[31]

Am 12. April 1955 arbeitet der 76-jährige Einstein an seiner letzten Rede. Er plant zum Unabhängigkeitstag Israels eine Fernsehansprache, in der er den Konflikt zwischen Israel und den Arabern ansprechen will. Darin warnt er eindringlich vor einer militärischen Auseinandersetzung und plädiert wieder für eine internationale Friedenssicherung. Das handschriftliche Manuskript wird nicht fertig, der letzte geschriebene Satz seines Lebens lautet: »Denn die allenthalben entfachte politische Leidenschaft verlangt ihre Opfer.«[32]

Einen Tag später setzen starke Schmerzen im Unterleib ein. Die Ärzte befürchten den Aufbruch des Aneurysmas und empfehlen eine Operation. Einstein erkundigt sich ruhig, wie lange das Sterben ohne Operation wohl dauern würde. Auf die vage Antwort, das könne eine Minute oder auch Wochen dauern, sagt er zu Helene Dukas: »Ich möchte gehen, wann ich möchte. Es ist geschmacklos, das Leben künstlich zu verlängern. Ich habe meinen Anteil getan, es ist Zeit zu gehen. Ich möchte dies elegant tun.«[33]

Nach einem weiteren Tag und einer Nacht voller Schmerzen, neben seinem Bett die aufgelöste Helene Dukas, stimmt Einstein zu, ins Krankenhaus von Princeton gebracht zu werden. Er lässt sich seine Brille und seine letzten Berechnungen zur einheitlichen Feldtheorie ans Krankenbett bringen und unterhält sich mit seinem aus Kalifornien angereisten Sohn Hans Albert über Wissenschaft und Politik. Hans Albert kann seinen Vater nicht dazu überreden, in eine New Yorker Spezialklinik zu gehen.

In der nächsten Nacht kurz nach ein Uhr – am 18. April 1955 – stirbt Albert Einstein im Princeton Hospital. Die Krankenschwester Alberta Roszel hört zwar seine letzten Worte, versteht sie aber nicht, da Einstein deutsch spricht. Ebenso wie Einsteins letzte Worte sind auch viele Tatsachen aus seinem Leben und viele seiner Gedanken unbekannt. Jedes Bild von ihm muss unvollständig bleiben.

Epilog

Nach dem Tod Albert Einsteins führte der Dienst habende Arzt Dr. Thomas Harvey am Morgen die Autopsie durch und stellte als Todesursache das Aufbrechen des Aneurysmas fest. Einer plötzlichen Eingebung gehorchend, entnahm er das Gehirn Einsteins, in der Hoffnung, bei späteren Untersuchungen hinter Einsteins Genialität zu kommen, und legte es in Spiritus ein. Dies geschah ohne Auftrag der Krankenhausleitung und ohne Erlaubnis der Verwandten.

Erst als am nächsten Tag die »New York Times« von der Konservierung des Gehirns berichtete, erfuhren die Hinterbliebenen davon und gaben nachträglich ihre Genehmigung zu wissenschaftlichen Untersuchungen.

Am selben Nachmittag wurde der Körper Einsteins in das nahe gelegene Krematorium der Stadt Trenton gefahren. Dort fand eine kurze Gedenkfeier mit zwölf engen Verwandten und Vertrauten statt, bei der Otto Nathan einige Verse von Goethe vorlas. Es gab weder Blumen, Musik noch religiöse Worte. Anschließend wurde der Leichnam verbrannt, und Otto Nathan übernahm die Aufgabe, die Asche an einem unbekannten Ort zu verstreuen. Einstein wollte weder ein

Begräbnis noch eine Grabstelle. Auch sein Wohnhaus in Princeton sollte nach seinem Wunsch weder zu einem Museum noch zu einer Gedenkstätte werden.

Von Thomas Mann erschien in der »Neuen Zürcher Zeitung« ein Nachruf, in dem er bekannte, dass für ihn ein Licht und Trost erloschen sei: »Seine wissenschaftliche Größe, dem Laien nur ahnungsweise zugänglich, mögen Berufenere aufs neue verkünden. Was ich liebte, bewunderte und immer hochhalten werde, ist seine moralische Haltung, in der er, dem Menschheitsgedanken zugewandt und allem Konformismus überlegen, seine Überzeugungen kühn vertrat.«

Als Nachlassverwalter traten Helene Dukas und Otto Nathan ihr Amt an und regelten zunächst die testamentarischen Verfügungen. Zwischen Hans Albert bzw. dessen Frau und Helene Dukas gab es einige unschöne Szenen. Dukas bezichtigte Frieda der Habgier und Missgunst, ein Vorwurf, der angesichts der für Hans Albert demütigenden Bestimmungen des Testaments nicht ganz verständlich erscheint. Hans Albert hatte als Erbe 10 000 Dollar erhalten, Dukas – und auch Margot – dagegen das Doppelte und zudem zu ihren Lebzeiten die Druckrechte und Veröffentlichungseinnahmen aller Aufsätze und Bücher Einsteins im Werte des Vielfachen der geerbten Geldsumme. Um ein Andenken von seinem Vater zu erhalten, musste Hans Albert die Sekretärin um einige Bücher bitten. Er erhielt auch keinerlei Rechte, nicht einmal an den

Briefen seines Vaters; wenn er einen davon veröffentlichen wollte, musste er jedes Mal die Nachlassverwalter um Erlaubnis fragen.

Frieda versuchte, sich auf ihre Art schadlos zu halten. Die damals bei Mileva gefundenen Briefe gab sie zum Verdruss von Dukas und Nathan nicht aus den Händen, sondern verfasste ein Manuskript für einen Züricher Verlag, in dem sie Auszüge aus diesen Briefen veröffentlichen und ihre Deutung – Mileva sei die wahre Liebe Einsteins gewesen – darstellen wollte. Die entsetzten Nachlassverwalter zogen vor Gericht und verhinderten die Veröffentlichung. Als Frieda 1958 starb, blieben die Briefe bei Hans Albert bis zu dessen Tod im Jahre 1973. Jedoch erst nach dem Tod von Helene Dukas (1982) und Otto Nathan (1987) konnten die strengstens gehüteten Briefe im Jahre 1987 und damit wichtige Informationen über den jungen Einstein veröffentlicht werden. Und erst dann gelangten viele weitere Manuskripte, Briefe und Veröffentlichungen Einsteins an ihren Zielort, die Hebräische Universität in Jerusalem, wo sie seitdem im Albert-Einstein-Archiv verwahrt werden. Als Großprojekt startete das Einstein-Archiv in Jerusalem gemeinsam mit der Universität in Princeton die Veröffentlichung sämtlicher vorhandener Texte von Einstein unter dem Titel *The collected Papers of Albert Einstein*. Von dem auf 25 Bände angelegten Werk erschien 1987 der erste Band, bis 2004 sind neun Bände erschienen.[1]

Den beiden Nachlassverwaltern wird von verschiedenen Forschern ein vernichtendes Urteil ausgestellt: Sie hätten die Einstein-Forschung behindert, indem sie Briefe vernichteten, Tatsachen unterdrückten und Veröffentlichungen verhinderten. Nicht nur die Mileva-Briefe, auch der Briefwechsel zwischen Einstein und seinem Sohn Hans Albert geriet unter die eifersüchtige Zensur von Helene Dukas und Otto Nathan. Ihr Bestreben war, nur ein Bild Einsteins in der Öffentlichkeit zuzulassen, das von allen menschlichen Schwächen gereinigt war und ein edles und reines Genie zeigte. Margot Einstein unterstützte die beiden, wenn sie auch keinerlei rechtliche Handhabe hatte, auf die Veröffentlichungen Einfluss zu nehmen. Aber sie stellte eine moralische Instanz dar und beanspruchte die Deutungskompetenz in allen Fragen zu Einstein für sich. Margot wurde fast 90 Jahre alt und starb 1986.

Zu Einsteins 100. Geburtstag im Jahre 1979 fanden in aller Welt Veranstaltungen und Ehrungen statt. Das »Einstein-Haus« in Bern wurde eröffnet und Einsteins Sommerhaus in Caputh restauriert. Um das Sommerhaus gab es eine jahrelange Auseinandersetzung zwischen den Erben und der DDR. Mit Recht wiesen Otto Nathan und Margot Einstein darauf hin, dass der unrechtmäßig während des Dritten Reiches enteignete Besitz zurückgegeben oder entschädigt werden müsste. Doch alle Versuche scheiterten. Schließlich gaben die Erben entnervt auf und stimmten zu, dass das Haus in der Regie der Akademie der Wissenschaften der DDR verblieb. Erst viele Jahre später – zu Beginn dieses Jahrhunderts – wurde das Caputher Sommerhaus als einzige noch bestehende Wohnstätte Einsteins in Deutschland zurückgegeben. Seitdem wird es von der Hebräischen Universität Jerusalem als Teil des Einstein-Erbes betreut.

Thomas Harvey, der seinerzeit wegen seiner Eigenmächtigkeit seine Stellung im Krankenhaus von Princeton verlor, behielt das Gehirn Einsteins in seinem Besitz und irrte mehr als 40 Jahre durch die USA, immer auf der Suche nach Gehirnspezialisten, denen er es zur Untersuchung anbot. Ohne dass nennenswerte Erkenntnisse bei den Gewebeuntersuchungen gefunden worden wären oder gar das Geheimnis um Albert Einsteins Genie gelüftet werden konnte, gab er das Gehirn schließlich an das Krankenhaus in Princeton zurück.

Zum Jahrtausendende kürte die amerikanische Zeitschrift »Time« Albert Einstein zum Mann des Jahrhunderts und »Der Spiegel« widmete ihm die Titelgeschichte »Das Gehirn des Jahrhunderts«. Auch danach nahmen die Ehrungen kein Ende. Das Jahr 2005 wurde von der UNO zum »Jahr der Physik« erklärt. Dann wird nicht nur Albert Einsteins 50. Todestags gedacht, sondern auch des 100. Geburtstags seiner Relativitätstheorie. Die bedeutendste Epoche physikalischer Forschung in Deutschland soll mit zahlreichen Veranstaltungen in das Bewusstsein der Öffentlichkeit gerufen werden.

Viele der mit der Relativitätstheorie zusammenhängenden Phänomene wurden erst in den 1960er und 1970er Jahren nachgewiesen, so beispielsweise der Dilatationseffekt bei der Bewegung von Myonen oder die Gravitationswellen. Auch der derzeitige Wissensstand über die Entstehung des Universums ist ohne Einsteins Arbeiten nicht denkbar.

In den Jahren seit Einsteins Tod hat sich die Sicht auf seine wissenschaftlichen Verdienste gewandelt. Er kämpfte in seinen letzten Jahren einsam und manchmal belächelt an seiner Feldtheorie, die alle Probleme des Kosmos zusammenfassen und lösen sollte. Das ist ihm zwar nicht gelungen, aber die heutigen Größen der Physik wie Stephen Hawking oder Brian Greene sind mit ihren String-Theorien und Superstring-Spekulationen auf der Suche nach der »Weltformel« auch nicht viel weiter gekommen. Es bleibt die Tatsache bestehen, dass die beiden Säulen der modernen Physik – Einsteins Relativitätstheorie und die Quantenmechanik – eine Vielzahl von Erkenntnissen der Sterne und Galaxien sowie der Atome, Elektronen und Quarks gelöst haben, nur passen sie nicht zueinander. Es fehlt noch die von Einstein gesuchte Verbindung. Um eine Vereinigung beider Theorien herzustellen, wird wohl noch eine lange Zeit geforscht werden müssen. Möglicherweise wird ein neuer Einstein benötigt, der diese Situation klärt.

Zeittafel

1879	Am 14. März wird Albert Einstein in Ulm als erstes Kind von Hermann und Pauline Einstein geboren.
1880	Die Familie zieht nach München, wo Hermann mit seinem Bruder Jakob ein elektrotechnisches Unternehmen gründet.
1881	Am 18. November wird Schwester Maria (genannt Maja) geboren.
1889	Einstein besucht das Luitpold-Gymnasium in München.
1894	Die Firma Einstein wird aufgegeben. Umzug der Eltern nach Mailand. Ohne Schulabschluss verlässt Einstein das Gymnasium und fährt zu seinen Eltern.
1895	Besuch der Kantonsschule Aarau mit Matura (Abitur) 1896; Entlassung aus der württembergischen und damit der deutschen Staatsangehörigkeit.
1896–1900	Studium am Eidgenössischen Polytechnikum (spätere Eidgenössische Technische Hochschule ETH) Zürich.
1900	Diplomprüfung zum mathematisch-physikalischen Fachlehrer.
1901	Einstein erwirbt die Schweizer Staatsbürgerschaft.
1902	Geburt der Tochter von Mileva Marić und Albert Einstein (»Lieserl«) in Novi Sad. Einstein wird am Eidgenössischen Amt für geistiges Eigentum Bern angestellt. Tod Hermann Einsteins in Mailand.
1903	Albert Einstein und Mileva Marić heiraten in Bern.
1904	Geburt des ersten Sohnes Hans Albert.
1905	*Annus mirabilis*: Mit Arbeiten über die Brown'sche Bewegung, den photoelektrischen Effekt (Lichtquantenhypothese) und die Elektrodynamik bewegter Körper (Spezielle Relativitätstheorie. Der Nachtrag enthält die Formel $E = mc^2$) begründet Einstein seinen Weltruhm.

1906	Promotion an der Universität Zürich.
1908	Habilitationsschrift. Privatdozent in Bern.
1909	Einstein wird zum außerordentlichen Professor für theoretische Physik an der Universität Zürich berufen. Er wird Ehrendoktor der Universität Genf.
1910	Sohn Eduard wird geboren.
1911	Ordentlicher Professor an der Deutschen Universität Prag. Teilnahme am 1. Solvay-Kongress in Brüssel.
1912	Professor für theoretische Physik an der ETH Zürich.
1913	Ruf nach Berlin als hauptamtliches Ordentliches Mitglied der Preußischen Akademie der Wissenschaften.
1914	Umzug nach Berlin. Mileva und Albert Einstein trennen sich, Mileva kehrt mit den Söhnen nach Zürich zurück. Nach Ausbruch des Ersten Weltkriegs beginnt Einstein mit politischen und pazifistischen Aktivitäten.
1915	Die Arbeiten zur Gravitation führen zur Vollendung der Allgemeinen Relativitätstheorie.
1916	Präsident der Deutschen Physikalischen Gesellschaft und Mitglied im Kuratorium der Physikalisch-Technischen Reichsanstalt Berlin.
1917	Einstein zieht in die Haberlandstraße 5 in Berlin-Schöneberg in die Wohnung seiner Cousine Elsa.
1919	Scheidung von Mileva und Eheschließung mit Elsa. Die Gravitationstheorie Einsteins wird durch eine Sonnenfinsternis-Expedition der Royal Society bestätigt.
1920	Mutter Pauline stirbt nach schwerer Krankheit.
1921	Erste USA-Reise, u. a. Spendensammlung für die Hebräische Universität Jerusalem.
1922	Nobelpreis (für 1921) »für seine Verdienste um die theoretische Physik, besonders für seine Entdeckung des Gesetzes des photoelektrischen Effektes«.

1923	Vortrag in der Hebräischen Universität in Jerusalem.
1924	Der Einstein-Turm in Potsdam wird fertig gestellt.
1925	Südamerikareise. Entdeckung der Bose-Einstein-Kondensation.
1928	Schwere Herzerkrankung. Helene Dukas wird als Sekretärin angestellt.
1929	Sommerhaus in Caputh. Verleihung der Max-Planck-Medaille durch die Deutsche Physikalische Gesellschaft.
1930	Rede zur Kriegsdienstverweigerung im Hotel Ritz-Carlton in New York.
1932	Abreise im Dezember in die USA zu Vorlesungen.
1933	Nach der nationalsozialistischen Machtergreifung keine Rückkehr nach Deutschland. Austritt aus der Preußischen Akademie der Wissenschaften. Aufenthalt in Belgien und England. Beschlagnahme des Vermögens Einsteins in Deutschland.
1935	Zieht mit Ehefrau Elsa, Stieftochter Margot Einstein und Helene Dukas nach Princeton. Anstellung am Institute of Advanced Study in Princeton. Das Einstein-Podolsky-Rosen-Paradoxon der Quantenmechanik wird veröffentlicht.
1936	Tod von Elsa Einstein in Princeton.
1939	Einstein unterschreibt einen Brief an Präsident Roosevelt mit Hinweis auf die Möglichkeit des Baus von Atombomben in Deutschland.
1940	Einstein wird amerikanischer Staatsbürger.
1944	Versteigerung einer handschriftlichen Kopie seiner Arbeit zur Elektrodynamik für 6 Millionen Dollar zur Finanzierung von Kriegsanleihen.
1946	Präsident des Komitees zur Verhütung eines Atomkriegs, Engagement für eine Weltregierung.
1952	Das Angebot, Staatspräsident von Israel zu werden, lehnt Einstein ab.
1955	Albert Einstein stirbt am 18. April in Princeton.

Bibliographie

Veröffentlichungen von Albert Einstein, Briefe und Textsammlungen

Calaprice, Alice (Hrsg.): Einstein sagt. Zitate, Einfälle, Gedanken. München: Piper Verlag 2001

Einstein, Albert: Über die spezielle und die allgemeine Relativitätstheorie. Gemeinverständlich. Braunschweig: Friedr. Vieweg & Sohn Verlag 1920 (6. Auflage)

Einstein, Albert: Mein Weltbild (hrsg. von Carl Selig). München: Econ Ullstein Verlag 2001 (27. Auflage, Originalausgabe Berlin 1931)

Einstein, Albert: Aus meinen späten Jahren. Stuttgart: Deutsche Verlags-Anstalt 1984 (3. Auflage)

Klein, Martin J., A. J. Knox und Robert Schulmann (Hrsg.): The collected Papers of Albert Einstein, Vol. 5: The Swiss Years: Correspondence 1902–1914. Princeton: University Press 1993

Kirsten, Christa und Hans-Jürgen Treder (Bearb.): Albert Einstein in Berlin 1913–1933. Teil I: Darstellung und Dokumente. Teil II: Spezialinventar. Berlin: Akademie-Verlag 1979

Renn, Jürgen und Robert Schulmann (Hrsg.): Albert Einstein/ Mileva Marić. Am Sonntag küss' ich Dich mündlich. Die Liebesbriefe 1897–1903. München: Piper Verlag 1994

Rosenkranz, Ze'ev: Albert through the Looking-Glass. The Personal Papers of Albert Einstein. Jerusalem: The Jewish National & University Library 1998

Rosenkranz, Ze'ev: The Einstein Scrapbook. Baltimore: The Johns Hopkins University Press 2002

Rosenkranz, Ze'ev: Albert Einstein – Privat und ganz persönlich. Jerusalem: Jüdische National- und Universitätsbibliothek 2004

Stachel, John (Hrsg.): The collected Papers of Albert Einstein, Vol. 1: The early Years 1879–1902. Princeton: University Press 1987

Stachel, John (Hrsg.): Einsteins annus mirabilis. Fünf Schriften, die die Welt der Physik revolutionierten. Reinbek: Rowohlt Taschenbuch Verlag 2001

Veröffentlichungen über Albert Einstein und zu wissenschaftlichen Themen

Bodanis, David: Bis Einstein kam. Die abenteuerliche Suche nach dem Geheimnis der Welt. Frankfurt am Main: Fischer Taschenbuch Verlag 2003

Born, Max: Die Relativitätstheorie Einsteins. Berlin: Springer Verlag 2003 (7. Auflage)

Fölsing, Albrecht: Albert Einstein. Eine Biographie. Frankfurt am Main: Suhrkamp Taschenbuch Verlag 1999

Galison, Peter: Einsteins Uhren, Poincarés Karten. Die Arbeit an der Ordnung der Zeit. Frankfurt am Main: S. Fischer Verlag 2003

Gott, J. Richard III: Zeitreisen in Einsteins Universum. Reinbek: Rowohlt Taschenbuch Verlag 2003

Grundmann, Siegfried: Einsteins Akte. Einsteins Jahre in Deutschland aus der Sicht der deutschen Politik. Berlin: Springer Verlag 1998

Grüning, Michael: Ein Haus für Albert Einstein. Erinnerungen, Briefe, Dokumente. Berlin: Verlag der Nation 1990

Hermann, Armin: Einstein. Der Weltweise und sein Jahrhundert. Eine Biographie. München: Piper Verlag 1994

Herneck, Friedrich: Albert Einstein. Ein Leben für Wahrheit, Menschlichkeit und Frieden. Berlin: Buchverlag Der Morgen 1963

Herneck, Friedrich: Einstein privat. Herta W. erinnert sich an die Jahre 1927 bis 1933. Berlin: Buchverlag Der Morgen 1978

Highfield, Roger und Paul Carter: Die geheimen Leben des Albert Einstein. München: Deutscher Taschenbuch Verlag 1996

Kerner, Charlotte: Lise, Atomphysikerin. Die Lebensgeschichte der Lise Meitner. Weinheim: Beltz Verlag 1998

Krausse, Jochen, Dietmar Ropohl und Walter Scheiffele: Vom großen Refraktor zum Einsteinturm. Gießen: Anabas Verlag 1996

Levenson, Thomas: Einstein in Berlin. New York: Bantam Books 2004

Pais, Abraham: »Raffiniert ist der Herrgott. . .«. Albert Einstein. Eine wissenschaftliche Biographie. Heidelberg: Spektrum Akademischer Verlag 2000

Reiser, Anton [Rudolf Kayser]: Albert Einstein. A Biographical Portrait. New York 1930

Röthlein, Brigitte: Die Quantenrevolution. Neue Nachrichten aus der Teilchenphysik. München: Deutscher Taschenbuch Verlag 2004

Schulz, Friedrich und Eberhard Schwarz: Albert Einsteins Aufenthalte in der Ostseeregion. Kückenshagen: Scheunen-Verlag 1995

Strauch, Dietmar: Einstein in Caputh, Die Geschichte eines Sommerhauses. Berlin: Philo Verlagsgesellschaft 2001

Vallentin, Antonina: Das Drama Albert Einsteins. Stuttgart: Günther Verlag 1955

Wickert, Johannes: Albert Einstein mit Selbstzeugnissen und Bilddokumenten. Reinbek: Rowohlt Taschenbuch Verlag 1972

Quellenverzeichnis

Neugier und Noten

[1] Das Geburtshaus wurde 1880 in Bahnhofstraße 20 umbenannt und im Zweiten Weltkrieg (1944) zerstört.

[2] Stachel, John (Hrsg.): The collected Papers of Albert Einstein, Vol. 1: The early Years 1879–1902. Princeton: University Press 1987, S. I/VII

[3] Wickert, Johannes: Albert Einstein mit Selbstzeugnissen und Bilddokumenten. Reinbek: Rowohlt Taschenbuch Verlag 1972, S. 29–30

[4] Einstein, Albert: Mein Weltbild (hrsg. von Carl Selig). München: Econ Ullstein Verlag 2001 (27. Auflage, Originalausgabe Berlin 1931), S. 12

[5] Hermann, Armin: Einstein. Der Weltweise und sein Jahrhundert. Eine Biographie. München: Piper Verlag 1994, S. 86–87

[6] Stachel: The collected Papers, a.a.O., S. I/VIII

[7] Rede in Albany (New York) bei der Dreihundertjahrfeier der Universitätsausbildung in Amerika am 15. Oktober 1936, zitiert aus Einstein, Albert: Aus meinen späten Jahren. Stuttgart: Deutsche Verlags-Anstalt 1984 (3. Auflage), S. 23/24 und S. 27

[8] Stachel: The collected Papers, a.a.O., S. I/VII

[9] Highfield, Roger und Paul Carter: Die geheimen Leben des Albert Einstein. München: Deutscher Taschenbuch Verlag 1996, S. 30

[10] Hermann: Einstein. Der Weltweise, a.a.O., S. 78

[11] Calaprice, Alice (Hrsg.): Einstein sagt. Zitate, Einfälle, Gedanken. München: Piper Verlag 2001, S. 49

[12] Bernstein (eigentlich Aaron Rebenstein, 1812–1884) wurde in den Talmudschulen von Fordon und Danzig ausgebildet und ging 1832 nach Berlin, wo er sich als politischer Schriftsteller betätigte. Er verwendete als einer der Ersten Statistiken zur politischen Meinungsbildung. 1848 nahm er als Barrikadenkämpfer an der Revolution teil.

[13] Bernstein, Aaron: Naturwissenschaftliche Volksbücher, Berlin, Teil 16. Berlin: Ferd. Dümmlers Verlagsbuchhandlung (4. Auflage) o. J. [ca. 1873–1876], S. 159

[14] Calaprice: Einstein sagt, a.a.O., S. 186
[15] ebd., S. 222

Aufbruch und Rückschläge

[1] Fölsing, Albrecht: Albert Einstein. Eine Biographie. Frankfurt am Main: Suhrkamp Taschenbuch Verlag 1999, S. 65
[2] Stachel: The collected Papers, a.a.O., S. 47
[3] Calaprice: Einstein sagt, a.a.O., S. 218
[4] Stachel: The collected Papers, a.a.O., S. 50
[5] ebd., S. 217
[6] ebd., S. 50
[7] ebd., S. 55
[8] ebd., S. 52
[9] ebd., S. 50
[10] Kerner, Charlotte: Lise, Atomphysikerin. Die Lebensgeschichte der Lise Meitner. Weinheim: Beltz Verlag 1998, S. 36
[11] Highfield/Carter: Die geheimen Leben, a.a.O., S. 75
[12] Renn, Jürgen und Robert Schulmann (Hrsg.): Albert Einstein/Mileva Marić. Am Sonntag küss' ich Dich mündlich. Die Liebesbriefe 1897–1903. München: Piper Verlag 1994, S. 89
[13] ebd., S. 99–100
[14] ebd., S. 105
[15] ebd., S. 103–104
[16] Stachel: The collected Papers, a.a.O., S. 289–290
[17] ebd., S. 302
[18] ebd., S. 292
[19] Wickert: Albert Einstein, a.a.O., S. 17
[20] Renn/Schulmann: Am Sonntag, a.a.O., S. 139
[21] ebd., S. 138
[22] ebd., S. 131
[23] ebd., S. 142
[24] ebd.
[25] ebd., S. 161
[26] Klein, Martin J., A. J. Knox und Robert Schulmann (Hrsg.): The collected Papers of Albert Einstein, Vol. 5: The Swiss Years: Correspondence 1902–1014. Princeton: University Press 1993, S. 22

[27] Einstein, Albert: Folgerungen aus den Capillaritätserscheinungen. In: Annalen der Physik, Band IV, 1901: S. 513–523
[28] Stachel: The collected Papers, a.a.O., S. 273
[29] ebd., S. 334
[30] Klein u.a.: The collected Papers, a.a.O., S. 80

Energie, Masse und Lichtgeschwindigkeit

[1] Highfield/Carter: Die geheimen Leben, a.a.O., S. 130
[2] Klein u.a.: The collected Papers, a.a.O., S. 32
[3] Wickert: Albert Einstein, a.a.O., S. 36
[4] Calaprice: Einstein sagt, a.a.O., S. 139
[5] ebd., S. 153
[6] Die Arbeiten des Jahres 1905 sind kommentiert abgedruckt in: Stachel, John (Hrsg.): Einsteins annus mirabilis. Fünf Schriften, die die Welt der Physik revolutionierten. Deutsch von Anita Ehlers. Reinbek: Rowohlt Taschenbuch Verlag 2001
[7] Klein u.a.: The collected Papers, a.a.O., S. 31
[8] Herneck, Friedrich: Albert Einstein. Ein Leben für Wahrheit, Menschlichkeit und Frieden. Berlin: Buchverlag Der Morgen 1963, S. 92
[9] Gott, J. Richard III: Zeitreisen in Einsteins Universum. Reinbek: Rowohlt Taschenbuch Verlag 2003, S. 94
[10] Stachel: Einsteins annus mirabilis, a.a.O., S. 178
[11] Highfield/Carter: Die geheimen Leben, a.a.O., S. 146
[12] Stachel: Einsteins annus mirabilis, a.a.O., S. 136
[13] ebd., S. 183
[14] ebd., S. 134
[15] ebd., S. 135
[16] ebd., S. 58
[17] Klein u.a.: The collected Papers, a.a.O., S. 106
[18] Highfield/Carter: Die geheimen Leben, a.a.O., S. 152
[19] Klein u.a.: The collected Papers, a.a.O., S. 46
[20] Wickert: Albert Einstein, a.a.O., S. 55
[21] Herneck: Albert Einstein. Ein Leben für Wahrheit, a.a.O., S. 107
[22] Klein u.a.: The collected Papers, a.a.O., S. 84
[23] Calaprice: Einstein sagt, a.a.O., S. 142

[1] Hermann: Einstein. Der Weltweise, a.a.O., S. 152
[2] Klein u.a.: The collected Papers, a.a.O., S. 160
[3] ebd., S. 145
[4] ebd., S. 152
[5] ebd., S. 114
[6] Fölsing: Albert Einstein. Eine Biographie, a.a.O., S. 280
[7] Einstein, Albert: Über die spezielle und die allgemeine Relativitätstheorie. Gemeinverständlich. Braunschweig: Friedr. Vieweg & Sohn Verlag 1920 (6. Auflage), S. 37
[8] Klein u.a.: The collected Papers, a.a.O., S. 188
[9] Hermann: Einstein. Der Weltweise, a.a.O., S. 154
[10] Klein u.a.: The collected Papers, a.a.O., S. 188
[11] Hermann: Einstein. Der Weltweise, a.a.O., S. 159
[12] Klein u.a.: The collected Papers, a.a.O., S. 223
[13] Highfield/Carter: Die geheimen Leben, a.a.O., S. 163
[14] Fölsing: Albert Einstein. Eine Biographie, a.a.O., S. 291
[15] Klein u.a.: The collected Papers, a.a.O., S. 238
[16] ebd., S. 243
[17] Highfield/Carter: Die geheimen Leben, a.a.O., S. 164–165
[18] Klein u.a.: The collected Papers, a.a.O., S. 259
[19] ebd., S. 271–272
[20] ebd., S. 289
[21] Highfield/Carter: Die geheimen Leben, a.a.O., S. 173–174
[22] Brod, Max: Tycho Brahes Weg zu Gott. Berlin 1931, S. 215
[23] Fölsing: Albert Einstein. Eine Biographie, a.a.O., S. 324
[24] Klein u.a.: The collected Papers, a.a.O., S. 331
[25] Fölsing: Albert Einstein. Eine Biographie, a.a.O., S. 329
[26] Klein u.a.: The collected Papers, a.a.O., S. 387
[27] ebd., S. 456–457
[28] ebd., S. 459
[29] ebd., S. 517–518
[30] Fölsing: Albert Einstein. Eine Biographie, a.a.O., S. 363
[31] ebd., S. 363
[32] Klein u.a.: The collected Papers, a.a.O., S. 526
[33] ebd., S. 534 und S. 537
[34] ebd., S. 572–573

[35] ebd., S. 574
[36] ebd., S. 585
[37] Fölsing: Albert Einstein. Eine Biographie, a.a.O., S. 380

Pazifismus und Allgemeine Relativitätstheorie

[1] Highfield/Carter: Die geheimen Leben, a.a.O., S. 208–209
[2] Stenographische Berichte des Reichstages, Bd. 306, S. 2
[3] Fölsing: Albert Einstein. Eine Biographie, a.a.O., S. 389
[4] Calaprice: Einstein sagt, a.a.O., S. 159
[5] Fölsing: Albert Einstein. Eine Biographie, a.a.O., S. 392
[6] ebd., S. 394
[7] Rolland, Romain: Das Gewissen Europas. Tagebuch der Kriegsjahre 1914–1919. Band I. Berlin: Verlag Rütten & Loening 1963, S. 697
[8] www.mpiwg-berlin.mpg.de/staff/tilman/Arbeitsbericht.html
[9] Fölsing: Albert Einstein. Eine Biographie, a.a.O., S. 461
[10] Schulz, Friedrich und Eberhard Schwarz: Albert Einsteins Aufenthalte in der Ostseeregion. Kückenshagen: Scheunen-Verlag 1995, S. 9–10

Alles ist relativ

[1] Hermann: Einstein. Der Weltweise, a.a.O., S. 225
[2] ebd., S. 226
[3] Calaprice: Einstein sagt, a.a.O., S. 140
[4] Fölsing: Albert Einstein. Eine Biographie, a.a.O., S. 497
[5] ebd., S. 499–500
[6] ebd., S. 501
[7] Times vom 8.11.1919: »The Revolution in Science. Einstein v. Newton«
[8] Einstein: Mein Weltbild, a.a.O., S. 227
[9] Highfield/Carter: Die geheimen Leben, a.a.O., S. 236
[10] ebd., S. 237
[11] ebd., S. 239
[12] Grundmann, Siegfried: Einsteins Akte. Einsteins Jahre in Deutschland aus der Sicht der deutschen Politik. Berlin: Springer Verlag 1998, S. 114

[13] Fölsing: Albert Einstein. Eine Biographie, a.a.O., S. 520
[14] Grundmann: Einsteins Akte, a.a.O., S. 156
[15] Kirsten, Christa und Hans-Jürgen Treder (Bearb.): Albert Einstein in Berlin 1913–1933. Teil I: Darstellung und Dokumente. Teil II: Spezialinventar. Berlin: Akademie-Verlag 1979, Teil I, S. 206–207
[16] Fölsing: Albert Einstein. Eine Biographie, a.a.O., S. 560
[17] Calaprice: Einstein sagt, a.a.O., S. 254
[18] ebd., S. 103
[19] Einstein: Mein Weltbild, a.a.O., S. 116
[20] Calaprice: Einstein sagt, a.a.O., S. 141
[21] Fölsing: Albert Einstein. Eine Biographie, a.a.O., S. 594
[22] ebd., S. 596
[23] Hermann: Einstein. Der Weltweise, a.a.O., S. 280
[24] Fölsing: Albert Einstein. Eine Biographie, a.a.O., S. 601
[25] ebd., S. 614
[26] Kirsten/Treder: Albert Einstein in Berlin, a.a.O., Teil I, S. 114
[27] ebd., Teil I, S. 230
[28] Fölsing: Albert Einstein. Eine Biographie, a.a.O., S. 605
[29] Calaprice: Einstein sagt, a.a.O., S. 103
[30] Fölsing: Albert Einstein. Eine Biographie, a.a.O., S. 606
[31] ebd., S. 607

Einstein als Star

[1] Krausse, Jochen, Dietmar Ropohl und Walter Scheiffele: Vom großen Refraktor zum Einsteinturm. Gießen: Anabas Verlag 1996, S. 35
[2] Charles Nordmann, zitiert nach Fölsing: Albert Einstein. Eine Biographie, a.a.O., S. 623
[3] Reiser, Anton [Rudolf Kayser]: Albert Einstein. A Biographical Portrait. New York 1930
[4] Hermann: Einstein. Der Weltweise, a.a.O., S. 497
[5] Fölsing: Albert Einstein. Eine Biographie, a.a.O., S. 624
[6] Calaprice: Einstein sagt, a.a.O., S. 158
[7] Grundmann: Einsteins Akte, a.a.O., S. 327
[8] vgl. Grundmann: Einsteins Akte, a.a.O.
[9] Fölsing: Albert Einstein. Eine Biographie, a.a.O., S. 681

[10] Hermann: Einstein. Der Weltweise, a.a.O., S. 341
[11] ebd., S. 342
[12] ebd.
[13] Highfield/Carter: Die geheimen Leben, a.a.O., S. 279
[14] ebd., S. 283
[15] Hermann: Einstein. Der Weltweise, a.a.O., S. 331
[16] Fölsing: Albert Einstein. Eine Biographie, a.a.O., S. 669
[17] ebd., S. 670
[18] Hermann: Einstein. Der Weltweise, a.a.O., S. 322
[19] Fölsing: Albert Einstein. Eine Biographie, a.a.O., S. 683
[20] ebd., S. 684
[21] ebd., S. 685
[22] ebd., S. 687
[23] ebd., S. 641

Das Sommerhaus im Grünen

[1] Fölsing: Albert Einstein. Eine Biographie, a.a.O., S. 683
[2] Schulz/Schwarz: Albert Einsteins Aufenthalte, a.a.O., S. 11–12
[3] Albert Einstein Archives Jerusalem 30–362
[4] Albert Einstein Archives Jerusalem 30–363
[5] Fölsing: Albert Einstein. Eine Biographie, a.a.O., S. 694–695
[6] zur Geschichte des Sommerhauses vgl. Strauch, Dietmar: Einstein in Caputh. Die Geschichte eines Sommerhauses. Berlin: Philo Verlagsgesellschaft 2001
[7] L.B.I. Archives New York, Albert Einstein Collection
[8] Fölsing: Albert Einstein. Eine Biographie, a.a.O., S. 697
[9] Highfield/Carter: Die geheimen Leben, a.a.O., S. 288
[10] Fölsing: Albert Einstein. Eine Biographie, a.a.O., S. 714
[11] Calaprice: Einstein sagt, a.a.O., S. 175
[12] Hermann: Einstein. Der Weltweise, a.a.O., S. 365
[13] Wrobel, Ignaz [Kurt Tucholsky]: Weltbühne 191, 4. August 1931
[14] Einstein: Mein Weltbild, a.a.O., S. 55
[15] Fölsing: Albert Einstein. Eine Biographie, a.a.O., S. 719
[16] Herneck, Friedrich: Einstein privat. Herta W. erinnert sich an die Jahre 1927 bis 1933. Berlin: Buchverlag Der Morgen 1978, S. 123–124

[17] Grüning, Michael: Ein Haus für Albert Einstein. Erinnerungen, Briefe, Dokumente. Berlin: Verlag der Nation 1990, S. 333

[18] Israel, Hans, Erich Ruckhaber und Rudolf Weinmann (Hrsg.): Hundert Autoren gegen Einstein. Leipzig 1931, S. 4

[19] Fölsing: Albert Einstein. Eine Biographie, a.a.O., S. 729

[20] Hermann: Einstein. Der Weltweise, a.a.O., S. 377

[21] L.B.I. Archives New York, Albert Einstein Collection

Vom Star zum Staatsfeind

[1] Einstein: Mein Weltbild, a.a.O., S. 92

[2] Albert Einstein Archives Jerusalem 19–387

[3] Einstein: Mein Weltbild, a.a.O., S. 92–93

[4] Hermann: Einstein. Der Weltweise, a.a.O., S. 395

[5] ebd., S. 406–407

[6] Albert Einstein Archives Jerusalem 50–550

[7] Grundmann: Einsteins Akte, a.a.O., S. 380

[8] Hermann: Einstein. Der Weltweise, a.a.O., S. 410

[9] Illustrierter Beobachter 1933, Folge 36, S. 1178

Ein Neuanfang mit Hürden

[1] Fölsing: Albert Einstein. Eine Biographie, a.a.O., S. 764

[2] Hermann: Einstein. Der Weltweise, a.a.O., S. 420

[3] Fölsing: Albert Einstein. Eine Biographie, a.a.O., S. 767

[4] Hermann: Einstein. Der Weltweise, a.a.O., S. 422

[5] Fölsing: Albert Einstein. Eine Biographie, a.a.O., S. 770

[6] ebd.

[7] Röthlein, Brigitte: Die Quantenrevolution. Neue Nachrichten aus der Teilchenphysik. München: Deutscher Taschenbuch Verlag 2004, S. 69

[8] Albert Einstein Archives Jerusalem 36–182

[9] Hermann: Einstein. Der Weltweise, a.a.O., S. 430

[10] ebd., S. 434

[11] Highfield/Carter: Die geheimen Leben, a.a.O., S. 267

[12] Fölsing: Albert Einstein. Eine Biographie, a.a.O., S. 773

[13] Wolff, Stefan: Physiker-Exodus im Dritten Reich. Vor 70 Jahren verließ Albert Einstein Caputh für immer. Vortrag am 5. 12. 2002 in Caputh, unveröffentlichtes Manuskript, S. 15
[14] ebd., S. 18
[15] Hermann: Einstein. Der Weltweise, a.a.O., S. 438
[16] ebd., S. 439
[17] ebd., S. 440
[18] ebd., S. 448

Der Krieg und die Atombombe

[1] Fölsing: Albert Einstein. Eine Biographie, a.a.O., S. 796
[2] Calaprice: Einstein sagt, a.a.O., S. 114
[3] zur Lebensgeschichte von Lise Meitner siehe Kerner: Lise, Atomphysikerin, a.a.O.
[4] Bodanis, David: Bis Einstein kam. Die abenteuerliche Suche nach dem Geheimnis der Welt. Frankfurt am Main: Fischer Taschenbuch Verlag 2003, S. 127
[5] ebd., S. 132
[6] Kerner: Lise, Atomphysikerin, a.a.O., S. 121
[7] Fölsing: Albert Einstein. Eine Biographie, a.a.O., S. 799
[8] Bodanis: Bis Einstein kam, a.a.O., S. 154
[9] Hermann: Einstein. Der Weltweise, a.a.O., S. 461–462
[10] Der Spiegel 33/2003
[11] Einstein: Aus meinen späten Jahren, a.a.O., S. 253–254
[12] Hermann: Einstein. Der Weltweise, a.a.O., S. 463
[13] ebd., S. 168–169

Suche nach Frieden und der Weltformel

[1] Einstein: Aus meinen späten Jahren, a.a.O., S. 134
[2] Fölsing: Albert Einstein. Eine Biographie, a.a.O., S. 814
[3] Calaprice: Einstein sagt, a.a.O., S. 120
[4] Einstein: Aus meinen späten Jahren, a.a.O., S. 136
[5] Fölsing: Albert Einstein. Eine Biographie, a.a.O., S. 812
[6] ebd.
[7] Wolff: Physiker-Exodus, a.a.O., S. 23

[8] ebd.
[9] ebd.
[10] Einstein: Über die spezielle und die allgemeine Relativitätstheorie, a.a.O.
[11] Einstein: Aus meinen späten Jahren, a.a.O., S. 221
[12] Highfield/Carter: Die geheimen Leben, a.a.O., S. 303
[13] ebd., S. 305
[14] Calaprice: Einstein sagt, a.a.O., S. 232
[15] Rosenkranz, Ze'ev: Albert Einstein – Privat und ganz persönlich. Jerusalem: Jüdische National- und Universitätsbibliothek 2004, S. 188
[16] Highfield/Carter: Die geheimen Leben, a.a.O., S. 306
[17] ebd., S. 316
[18] Fölsing: Albert Einstein. Eine Biographie, a.a.O., S. 817
[19] ebd., S. 818
[20] Calaprice: Einstein sagt, a.a.O., S. 149
[21] Archiv der Berlin-Brandenburgischen Akademie der Wissenschaften, Personalia Nr. 84
[22] Fölsing: Albert Einstein. Eine Biographie, a.a.O., S. 824
[23] Einstein: Aus meinen späten Jahren, a.a.O., S. 13
[24] Rosenkranz, Ze'ev: The Einstein Scrapbook. Baltimore: The Johns Hopkins University Press 2002, S. 103
[25] Fölsing: Albert Einstein. Eine Biographie, a.a.O., S. 821
[26] Calaprice: Einstein sagt, a.a.O., S. 110
[27] ebd., S. 168
[28] Fölsing: Albert Einstein. Eine Biographie, a.a.O., S. 824
[29] Calaprice: Einstein sagt, a.a.O., S. 85
[30] Wolff: Physiker-Exodus, a.a.O., S. 24
[31] Calaprice: Einstein sagt, a.a.O., S. 121
[32] Einstein: Aus meinen späten Jahren, a.a.O., S. 265–268
[33] Calaprice: Einstein sagt, a.a.O., S. 193

Epilog

[1] vgl. Stachel: The collected Papers, a.a.O.

Bildnachweis

(1, 2, 4) Ullstein Bildarchiv; (3) bpk, Bildarchiv Preußischer Kulturbesitz; (5) Martin Harris; (6) Keystone; (7) Hansel Mieth; (8) Süddeutscher Verlag

Dietmar Strauch

Dietmar Strauch, geboren 1942 in Berlin, studierte Geschichts- und Informationswissenschaften sowie Chemie und Mathematik an der Freien Universität Berlin. Er lebt in Caputh bei Potsdam und ist Geschäftsführer eines Unternehmens der Informationswirtschaft. Zudem ist er Mitglied im „Initiativkreis Albert-Einstein-Haus Caputh", der sich mit Vorträgen, Ausstellungen und Publikationen für die Pflege des geistigen Erbes Einsteins einsetzt. Bei Beltz & Gelberg erschien von Dietmar Strauch auch die Biographie *Ihr Mut war grenzenlos. Widerstand im Dritten Reich.*